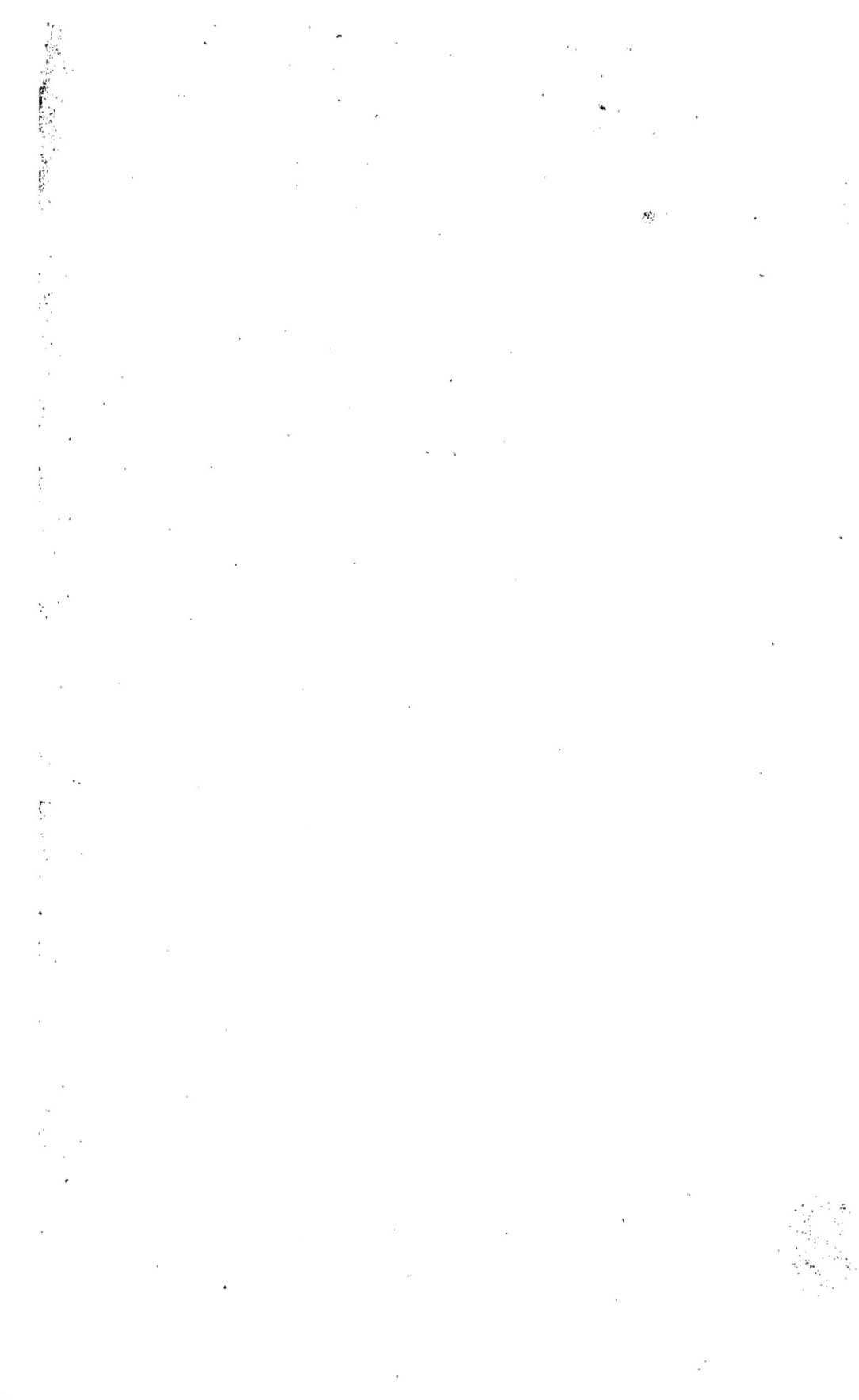

VOCABULAIRE

DU

CODE FORESTIER.

ERRATA.

ENLÈVEMENT FRAUDULEUX. Ces mots indiqués dans plusieurs articles, qui y renvoient, ont été changés en ceux-ci : ENLÈVEMENT DE BOIS DE DÉLIT. Ainsi *voyez* ces derniers mots chaque fois que vous *lirez* ENLÈVEMENT FRAUDULEUX.

IMPRIMERIE DE LACHEVARDIERE,
rue du Colombier, n° 3o, à Paris.

VOCABULAIRE

DU

Code Forestier,

DIVISÉ EN DEUX PARTIES.

La première donne à la fois et les définitions simplifiées des termes forestiers, et la réunion, à chaque mot défini, de tous les textes législatifs et d'ordonnance qui s'y rapportent.

La seconde contient les nombreux modèles des différents actes de poursuites, procès-verbaux et autres qui se font en exécution du Code forestier et de l'ordonnance réglémentaire;

PAR M. BIRET,

JURISCONSULTE, ANCIEN MAGISTRAT,

Auteur de la Procédure complète des justices de paix ; du Code annoté de ces justices ; du Vocabulaire des cinq Codes, et d'autres ouvrages de procédure, de droit, de jurisprudence, etc.

PARIS,

TOURNACHON-MOLIN, LIBRAIRE,

ÉDITEUR DU *DICTIONNAIRE UNIVERSEL DE DROIT FRANÇAIS*, par J.-B.-J. PAILLIET, etc

RUE SAINT-ANDRÉ-DES-ARTS, N° 45.

1828.

INTRODUCTION.

Avant de publier cet ouvrage, nous avons voulu connaître ceux qui devaient paraître sur la même matière, pour ne pas les répéter, ni même suivre leurs plans; nous avons voulu les connaître surtout, pour faire ce qui n'aurait pas encore été fait : le lecteur jugera si nous avons réussi.

Ce vocabulaire est divisé en deux parties, afin de le rendre plus méthodique, plus simple et plus facile. La première contient des définitions exactes et simplifiées, concises et suffisantes, garanties par des autorités respectables, de tous les termes forestiers exprimés dans le nouveau Code et dans l'ordonnance rendue pour son exécution. Ces définitions étaient nécessaires, pour ne pas dire indispensables; car la législation forestière présente une sorte d'idiome particulier, qui est pénible au plus grand nombre par la singularité ou l'ambiguïté des mots, ou par l'indétermination de leur valeur. Cette ambiguïté, ce vague peut produire une foule d'erreurs, toujours fâcheuses dans la science des lois. Là, rien n'est indifférent dans le sens des mots; tout est de rigueur dans leur interprétation.

A ces définitions si utiles, nous avons réuni et groupé sur chaque terme, les différentes dispositions qui s'y rapportent dans le Code forestier et dans l'Ordonnance : ainsi l'un et l'autre sont eux-mêmes mis en dictionnaire. C'est ainsi que la célèbre ordonnance de 1669, sur les eaux et forêts, fut distribuée et classée par un auteur estimé; distribution qui présente au lecteur l'avantage unique de trouver sans peines ni recherches, ni méditations, tout ce qu'il désire connaître dans la loi nouvelle, en lisant seulement chaque article des définitions.

La seconde partie peut présenter plus d'avantages encore; elle contient de nombreux modèles des actes de poursuites, tels que procès-verbaux, citations, significations, saisies ou séquestres, perquisitions, mainlevées provisoires, acceptations ou refus de cautions, déclarations extrajudiciaires, certificats de publications, et autres actes et procédures qui se font en matières forestières. Ces modèles, établis par ordre alphabétique, sont rigoureusement conformes à la loi nouvelle et à la jurisprudence; ils sont précédés d'une courte instruction sur les éléments qui doivent concourir à la formation régulière des différents procès-verbaux, et ils sont terminés par des notices sommaires des arrêts rendus par la cour régulatrice, sur les mêmes matières.

Ces modèles, d'ailleurs, ne sont pas bornés à de simples cadres généraux; ils offrent encore tous les incidents, les variations, les changements de rédactions, que peuvent exiger les cas particuliers, les circonstances des faits, ou les exceptions amenées par la nature des choses. Ainsi le fonctionnaire civil, comme l'officier de police judiciaire; l'administrateur, l'agent forestier, comme le propriétaire, l'usager, l'adjudi-

cataire et autres, trouveront dans ces modèles les éléments et la forme des différents actes qui leur sont imposés
par attributions ou par devoirs dans la législation forestière.

Puisse cet ouvrage, donné dans un moment où il s'agit de
pratiquer des lois naissantes, être utile à tous ceux qui sont
chargés de les exécuter ; nos vœux seront remplis. Puissions-
nous, à la fin d'une longue et laborieuse carrière, voir obtenir à ce vocabulaire autant d'*éditions* et de succès que nos
autres productions sur la procédure ont eu le bonheur d'en
obtenir, par les suffrages honorables d'une foule de magistrats, de jurisconsultes, d'officiers de justice et autres, pour
lesquels nous serons pénétrés jusque dans la tombe de la
plus sincère et de la plus respectueuse gratitude !

VOCABULAIRE

DU

CODE FORESTIER.

A.

ABATAGE. Action d'abattre, de couper les arbres, de les jeter à terre. — Se dit aussi des travaux et frais que nécessitent la coupe et l'exploitation des arbres.

Les adjudicataires ne peuvent abattre les arbres réservés dans leurs ventes, et en cas de déficit, ils sont passibles d'une amende qui est d'un tiers en sus de celles qui sont déterminées pour la coupe et l'enlèvement frauduleux des bois, lorsque l'essence et la circonférence des arbres sont constatées. Dans le cas contraire, l'amende est de 50 à 200 francs. Dans l'un et l'autre cas, les arbres manquants doivent être restitués, ou, s'ils ne peuvent l'être, leur valeur est fixée à une somme égale à celle de l'amende encourue, sans préjudice des dommages-intérêts (34, *Code forest.*).

Les contraventions aux conditions du cahier des charges relatives à l'abatage, sont punies d'une amende de 50 à 500 fr., indépendamment des dommages-intérêts (37 , *ibid.*). L'abatage se notifie par les adjudicataires, pour obtenir leur décharge. *Voyez, pour complément,* ACTE EXTRAJUDICIAIRE, ARBRES MARTELÉS, ARBRES EN RÉSERVE , ENLÈVEMENT FRAUDULEUX.

ABATTU. Se dit de l'arbre qui est coupé, renversé, jeté à terre. Lorsque les bois de délit sont coupés sur pied ou abattus par le moyen d'une scie, c'est une circonstance aggravante qui donne lieu à doubler l'amende. *Voyez cette peine à* ENLÈVEMENT FRAUDULEUX; *voyez aussi* ÉCORCER, MUTILER (201, *Cod.*).

ABORNEMENT. Action d'aborner, ou les effets de cette action. L'abornement se demande par l'état ou par les propriétaires riverains des forêts et bois soumis au régime forestier (9, *ibid.*); il est suspendu en cas de contestation, jusqu'à ce qu'il y soit statué par les tribunaux compétents (13,

Cod.). *Voyez* Opposition, Bornage, Délimitation générale.

ABORNER. Donner ou établir des limites. *Voyez* Bornage et Délimitation.

ABROUTI et ABROUTISSEMENT. On dit aussi abougri ou rabougri. Ces termes expriment les bois dont les bourgeons et les extrémités des branches ont été broutés ou mangés par les bestiaux, ce qui les rend mal faits et difformes.

L'abroutissement est un délit dont les gardes sont responsables lorsqu'ils ne le constatent pas (6, *ibid.*).

ABUS. C'est en général tout ce qui est contraire ou viole les règles du système forestier. En d'autres termes, c'est le mauvais usage que l'on fait d'un droit, d'une faculté.

Les gardes et agents forestiers sont responsables des abus qu'ils ne constatent pas (6, *ibid.*). Le mot abus désigne encore l'usage frauduleux du marteau royal. La direction générale détermine, sous l'approbation du ministre des finances, les mesures propres à prévenir cet abus (36, § 4, *Ordonn.*). *Voyez* Adjudicataire, Amende, Marteau royal, Direction générale.

ACTE extrajudiciaire. C'est celui qui se fait hors ou en dehors de la contestation ou de l'instance, pour déclarer, sommer, protester, réserver.

Les adjudicataires peuvent, par un acte extrajudiciaire signifié à l'agent forestier local, mettre l'administration forestière en demeure de procéder au réarpentage et au récolement de chaque vente, si ces opérations ne sont pas faites dans les trois mois qui suivent le jour de l'expiration des délais accordés pour la vidange des coupes. *Voyez* Adjudicataire.

Il se fait encore deux autres actes extrajudiciaires, l'un pour sommer l'adjudicataire ou son cessionnaire d'assister au récolement : cet acte se fait dix jours avant celui qui est indiqué pour l'opération; l'autre a lieu pour notifier au sous-préfet l'abatage des arbres martelés pour la marine (128, *Cod.*). *Voyez* Département de la marine.

ACTES de concessions. Ce sont ceux qui cèdent à des communes ou à des particuliers, soit des affectations en bois, soit des droits d'usage ou d'affouage. Leur validité doit être jugée dans l'année qui suit la publication du *Code forestier*, par les tribunaux, lorsque les concessionnaires prétendent que leurs droits sont irrévocables (*art.* 58, § 4, *du Code*). *Voyez, pour compléter cet article,* Affectation, Concession, Repeuplement.

ACTION en réparation. C'est celle qui s'intente sur un procès-verbal constatant un délit ou une contravention, par le ministère public ou les agents forestiers qui en ont le droit; ou par la partie lésée, s'il s'agit de bois de particuliers non assujettis au régime forestier.

Cette action se prescrit par trois ou six mois, suivant les circonstances exprimées, *verbo* Prescription (185, *ibid.*). Si, dans une action en réparation, le prévenu excipe d'un droit de propriété ou autre droit réel, le tribunal saisi de la plainte statue sur l'incident en se conformant aux règles établies *verbo* Exception préjudicielle. *Voyez* Bref délai Contraventions, Amendes, Dommages-intérêts.

ACTION en séparation. C'est celle qui tend à faire procéder à la séparation, à la délimitation ou au bornage des bois et forêts de l'état, de la couronne, des apanages et autres soumis au régime forestier, afin de les séparer des propriétés particulières. Cette action s'intente dans les formes ordinaires, soit par l'administration forestière, soit par les propriétaires riverains. Toutefois il est sursis à statuer sur les actions de ceux-ci, lorsque l'administration offre d'y faire droit dans six mois, en procédant à la délimitation générale des forêts (*art.* 8, 9, *Cod.*). *Voyez* Bornage, Délimitation.

ADJUDICATION. Action d'adjuger, acte judiciaire ou administratif par lequel on déclare que le plus fort enchérisseur d'une chose mise en vente, d'une coupe ordinaire ou extraordinaire de bois, en est l'adjudicataire ou acheteur, aux conditions imposées par le cahier des charges. Ces adjudications se font aux enchères publiques, à l'extinction des feux, en présence des agents forestiers et du receveur de l'enregistrement local, par-devant les préfets ou sous-préfets, dans les chefs-lieux d'arrondissement.

Toutefois les préfets, sur la proposition des conservateurs, peuvent permettre que l'adjudication des coupes qui n'excèdent pas 500 fr. soient faites au chef-lieu de l'une des communes voisines des bois (84 à 87, *Ordonn.*). Aucune vente ne peut avoir lieu dans les bois de l'état, que par adjudication publique. *Voyez, pour complément,* Vente et adjudication, Éclaircie, Enchère, et l'article qui suit.

ADJUDICATION du panage. C'est celle qui vend et adjuge au dernier enchérisseur la récolte des glands, des faînes et autres productions des forêts. Les adjudicataires ne peuvent introduire dans les forêts un plus grand nombre de porcs que celui qui est déterminé par l'acte d'adjudication, sous peine d'une amende double de celles dont nous donnerons le tarif et les gradations *verbo* CONTRAVENTION (199, *Cod.*).

Les porcs, avant d'être introduits dans les forêts, doivent être marqués d'un fer chaud (54, 55, *ibid.*). Il est défendu aux adjudicataires d'abattre, de ramasser ou d'emporter les fruits des forêts, à peine d'une amende double de celle qui est prononcée à raison des enlèvements ou extractions des productions des forêts. *Voyez* BRUYÈRES (144, *ibid.*).

Les formalités prescrites pour les adjudications du panage et de la glandée sont les mêmes que celles qui sont prescrites pour les coupes ordinaires de bois. *Voyez, pour complément,* GLANDÉE.

ADJUDICATAIRE. C'est celui qui obtient l'adjudication et devient acheteur des objets ou coupes mis en adjudication; aux conditions de droit ou stipulées par le cahier des charges. Il doit fournir une caution solvable, sinon il est déclaré déchu par un arrêté du préfet. Alors il se fait à sa folle enchère une adjudication nouvelle, et il est tenu, même par corps, de payer la différence entre son prix d'adjudication et celui de la revente, mais il ne peut réclamer l'excédent s'il y en a. Chaque adjudicataire est tenu d'avoir un facteur agréé par l'agent forestier (24, 31, *Cod.*). *Voyez* GARDE-VENTE.

Tout adjudicataire de coupes est tenu, sous peine de 100 fr. d'amende, de déposer chez l'agent forestier local, et au greffe du tribunal de l'arrondissement, l'empreinte du marteau destiné à marquer les arbres et bois de sa vente; il ne peut avoir plus d'un marteau pour lui et ses associés, pour la même vente, ni en marquer d'autres bois que ceux provenant de cette vente, à peine de 500 fr. d'amende (32, *Cod.*). L'adjudicataire est tenu de respecter les arbres marqués pour être réservés, quelle que soit leur qualité, et lors même que le nombre excèderait celui exprimé au procès-verbal de martelage; et sans qu'il puisse faire admettre de compensation avec d'autres arbres non réservés (33, *ibid.*). *Voyez* ABATAGE, MARTELAGE.

L'adjudicataire ne peut peler ni écorcer les arbres de sa vente, sous peine d'une amende de 50 à 60 fr., et de la saisie des bois écorcés ou pelés (36, *ibid.*). Il est tenu d'exécuter complètement le cahier des charges, à peine d'une amende de 50 à 500 fr. pour les contraventions relatives au mode d'abatage et au nettoiement des coupes. (37, *Cod.*).

A défaut d'exécution, dans les délais fixés, des travaux

imposés par le cahier des charges à l'adjudicataire, soit pour relever ou façonner les ramiers, soit pour couper les ronces, arbustes et épines nuisibles, selon le mode prescrit, soit pour réparer les chemins de vidange, fossés, repiquements de places à charbon et autres ouvrages à leur charge ; ces travaux seront faits à leurs frais, à la diligence des agents forestiers, et sur l'autorisation du préfet, qui arrête ensuite le mémoire des frais et le rend exécutoire contre l'adjudicataire (41, *ibid.*). Ce dernier ne peut déposer, dans sa vente, d'autres bois que ceux qui en proviennent, à peine d'amende de 100 à 1,000 fr. (43, *ibid.*) Il lui est interdit, ainsi qu'à ses ouvriers et facteurs, d'allumer du feu ailleurs que dans leur loge, à peine d'une amende de 10 à 100 fr. (42, *ibid.*).

A dater du permis d'exploiter, et jusqu'à ce qu'il ait obtenu sa décharge, l'adjudicataire est responsable de tout délit forestier commis dans sa vente et à l'ouïe de la cognée, si ses facteurs ou gardes-ventes n'en font leurs rapports qui doivent être remis à l'agent forestier dans cinq jours de leur date (45, *ibid.*). L'adjudicataire est aussi responsable, solidairement avec sa caution, et même par corps, de tous les délits et contraventions commis par les facteurs, ouvriers, bûcherons, voituriers et tous autres qu'il peut employer pour ses exploitations (46, *ibid.*).

L'adjudicataire a le droit d'appeler un arpenteur de son choix pour assister aux opérations du réarpentage. A défaut par lui d'user de ce droit, les procès-verbaux sont réputés contradictoires (49, *ibid.*). Si, dans le délai d'un mois après la clôture du réarpentage, l'administration forestière n'a élevé aucune contestation sur les opérations ou exploitations de l'adjudicataire, celui-ci obtient du préfet la décharge de ses engagements et responsabilités ; décharge qui sera commune à ses cautions (50, 51, *ibid.*). Les adjudicataires ne peuvent disposer des bois martelés qui sont compris dans leurs adjudications, comme propres aux constructions navales ; ils doivent les tenir à la disposition du département de la marine, avec lequel ils en traitent de gré à gré. En cas de contestation, le prix en est réglé par des experts contradictoirement nommés, et s'il y a partage entre les experts, le président du tribunal en nomme un d'office, sur la requête de la partie la plus diligente. Les frais de l'expertise sont supportés en commun. Si la marine ne prend pas livraison de la totalité des arbres marqués, et n'en paie pas le prix dans les trois mois de la notification faite à la sous-préfecture, de l'abatage de ces arbres, les adjudicataires pourront en disposer librement (123, 127, 228, *ibid.*). Pour compléter cet article, *voyez* Abus, Annulation, Acte extra-judiciaire, Arpentage, Abatage, Caution, Décharge d'exploitation, Extraction, Délivrance, Permis d'exploiter, Réarpentage, Poursuites, Indemnités, Cahier des charges.

ADMINISTRATION forestière. Gouvernement, direction, conduite du régime ou système forestier. Ce corps se compose d'un directeur général, de trois administrateurs, de vingt conservateurs nommés par le roi (2, 12, *Ordonn.*), de plusieurs inspecteurs ou sous-inspecteurs, dont le nombre est fixé par le ministre des finances; de gardes généraux, d'arpenteurs, d'élèves, de gardes à cheval et de gardes à pieds nommés par le directeur général (11, *idid.*).

Les nominations à tous les grades supérieurs, à celui de garde général, sont toujours faites parmi les agents du grade immédiatement inférieur, qui ont au moins deux ans d'exercice dans ce grade (12, *ibid.*). Enfin il est attaché à l'administration forestière, une école royale et une école secondaire (40, *ibid.*).

L'administration reconnaît et déclare les bois défensables (67, *ibid.*), sauf l'appel ou recours au conseil de préfecture; c'est elle qui fixe le nombre des bestiaux et des porcs admis chaque année aux panage et pâturage; elle fixe l'ouverture de la glandée et du panage, dont la publication est ensuite faite par les maires, dans les communes usagères (68, 69, *ibid.*); elle proroge le délai de deux années accordé pour l'emploi des bois de construction (84, *ibid.*); elle fait procéder à toutes les opérations relatives au bornage, à la délimitation, à l'aménagement, à l'exploitation des bois et forêts dépendant des apanages ou des majorats réversibles à l'état (89, *ibid.*); elle approuve ou refuse les gardes des communes choisis par le maire et le conseil municipal (95); elle nomme d'ailleurs tous les gardes des bois indivis (115, *ibid.*) ; elle peut même confier à un seul individu la garde d'un canton de bois appartenant à l'état, et en faire de même des bois des communes et des établissements publics, de concert avec ceux-ci. Ce garde de canton, ceux des communes et autres, peuvent être suspendus par l'administration (97, 98, *Cod.*).

Enfin, dans tout ce qui constitue le régime forestier ou s'y rattache, on trouve des attributions de l'administration forestière. Ainsi on peut généralement consulter tous les articles de ce dictionnaire par rapport à cette administration ; mais *voyez spécialement* ADMINISTRATEURS, AGENTS FORESTIERS, CONSERVATIONS, CONSERVATEURS, DIRECTION GÉNÉRALE.

ADMINISTRATEURS FORESTIERS. Ce sont, après le directeur général, les trois principaux officiers de la direction générale des forêts; ils sont nommés par le roi, sur le présentation du ministre des finances.

En cas d'absence du directeur général, ses fonctions sont remplies par l'un de ces administrateurs, choisi par le ministre. Chacun d'eux fait un service déterminé aussi par le ministre, et il peut être chargé de missions temporaires dans les départements.

Les administrateurs se réunissent en conseil sous la présidence du directeur général, et délibèrent sur le budget de l'administration forestière, sur la création ou suppression d'emplois supérieurs, sur la destitution ou la mise en jugement des agents forestiers du grade de sous-inspecteur et au-dessus; sur la liquidation des pensions, les changements dans la circonscription des arrondissements forestiers; sur les projets d'aménagements, de partages et d'échanges de bois, de cantonnement ou de rachat de droits d'usage; sur les coupes ordinaires annuelles et extraordinaires, les cahiers des charges des adjudications, les remboursements pour moins de mesure, remises ou modérations d'amendes, extractions dans les forêts, constructions à proximité des forêts, pourvoi au conseil d'état, dispositions de service, oppositions aux défrichements, instructions générales et questions douteuses. (5, 6, 7, *Ordonn.*). *Voyez* ADMINISTRATION.

ADMINISTRATEURS DES ÉTABLISSEMENTS PUBLICS. Les administrateurs sont ceux qui gèrent les biens et les affaires d'un corps ou d'une société, et les établissements publics sont les fabriques, les hôpitaux, les communautés, etc. Ces établissements doivent entretenir et chosir, comme les communes, un nombre de gardes particuliers pour la conservation de leurs bois. Le choix des gardes doit être confirmé par l'administration (94, 95, *ibid*).

Le motif de ces nominations et attributions est que les bois taillis ou futaies des établissements publics sont soumis au régime forestier, lorsqu'ils sont susceptibles d'aménagement ou d'une exploitation régulière, et reconnus comme tels par l'autorité administrative, d'après les avis, des conseils municipaux et des administrateurs des établissements. Ces administrateurs et leurs employés ne peuvent permettre d'introduire dans les bois des établissements aucunes chèvres ou brebis, sous peine d'amende (90, 99, 100, *Cod.*).

AFFECTATION de coupes. C'est leur destination à tel usage, à des particuliers, à des établissements publics, à des communes. Affectation de coupes se dit aussi d'une délivrance ou d'une concession de bois. *Voyez* ces mots.

Les affectations qui ont été concédées malgré les prohibitions établies par les lois et ordonnances alors existantes, continueront d'avoir lieu jusqu'au terme fixé par l'acte de concession, s'il ne s'étend pas au-delà du 1er septembre 1837. À cette époque les affectations à perpétuité ou sans indication de termes, ou à des termes plus éloignés, cesseront d'avoir effet, toujours dans le cas où elles auraient été accordées contrairement aux lois.

Les affectations faites pour le service d'une usine cesseront de plein droit et sans retour si le roulement de l'usine est arrêté pendant deux années, sauf le cas de force majeure dûment constatée. A l'avenir, il ne sera fait dans les bois de l'état aucune affectation ou concession contrairement à la législation (58, 59, *Cod.*). *Voyez* Délivrance, Réparations, Constructions.

AFFICHES. Feuilles ou placards imprimés et apposés dans les lieux publics désignés par la loi, afin d'annoncer les adjudications et ventes de coupes de bois, soit ordinaires, soit extraordinaires. Ces affiches s'apposent quinze jours avant les ventes.

Elles indiquent le lieu, le jour et l'heure de la vente, les ordonnances qui les autorisent, les fonctionnaires qui y procèderont, la situation, la nature, la contenance des coupes, le nombre, la classe et l'essence des arbres marqués en réserve. Elles sont rédigées par l'agent supérieur de l'arrondissement forestier, approuvées par le conservateur et apposées sous l'autorisation du préfet, à la diligence de l'agent forestier qui en rapporte les certificats d'apposition délivrés par les maires. Enfin, les affiches doivent énoncer les opérations des agents de la marine, s'il en a été fait, dans les coupes mises en vente (84, 85, 152, *Ordonn.*). *Voyez* Adjudication.

AFFOUAGE. Droit, faculté ou usage de se faire délivrer chaque année une portion de bois de chauffage, dans certains bois ou forêts. La délivrance ne peut en être faite aux affouagistes que par les agents forestiers, sous les peines portées par le titre 12 du *Code*, en suivant les formes prescrites par l'art. 87. Il en est de même des coupes des bois communaux destinées à être partagées en nature pour l'affouage. Ce partage se fait par feu, s'il n'y a titre ou usage contraire (79, 103, 105, *Cod.*). *Voyez* Usager , Partage par feu.

AFFOUAGÈRE (portion.) C'est celle qui , sur la proposition de l'agent forestier local, et du maire de la commune, est déterminée pour être vendue aux enchères pour acquitter les frais de garde , la contribution foncière et l'indemnité due au trésor. Le produit de cette vente est versé dans la caisse du receveur municipal pour acquitter ces charges (106, 109 , § 2. *Cod.* , et 144, *Ordonn.*).

AFFOUAGISTES. Ce sont ceux qui jouissent de l'affouage, soit comme habitants d'une commune affouagère , soit en vertu d'un titre spécial,

Lorsqu'il y a lieu d'estimer la valeur des bois à délivrer par affouage, l'estimation en est faite par un agent forestier nommé par le préfet, et un expert nommé par l'affouagiste. Si les experts sont divisés , un troisième expert est nommé par le président du tribunal de première instance (111 , *Ordonn.*). *Voyez* Délivrance.

AFFRANCHISSEMENT de l'usage. Faculté accordée au gouvernement pour éteindre les droits d'usage et autres, qui sont dus sur les bois ou forêts de l'état , soit aux communes ou aux établissements publics, soit aux particuliers. Cet affranchissement, pour l'usage en nature de bois , se fait par un cantonnement qui est réglé de gré à gré, et en cas de contestation , par les tribunaux; mais pour les autres droits d'usage , de pâturage , de panage , de glandée , on ne peut les affranchir que par des indemnités, qui sont réglées comme ci-dessus. Cependant cet affranchissement, à l'égard du pâturage , ne peut avoir lieu s'il est d'absolue nécessité. En cas de contestation , le conseil de préfecture statue, sauf le recours au conseil d'état.

Les communes et les établissements publics ont le même droit que le gouvernement d'affranchir leurs bois , et sous les mêmes conditions ; mais avant tout , le conseil municipal ou les administrateurs de l'établissement sont consultés sur la convenance et l'utilité de l'affranchissement, soit par indemnité ou rachat, soit par cantonnement. L'agent forestier donne ses observations , et le préfet son avis ; il envoie le tout au ministre des finances, qui, après s'être concerté avec le ministre de l'intérieur , en fait son rapport au roi, qui décide par une ordonnance. On procède ensuite de la manière prescrite par les art. 113, 114, 115 et 116 de l'*Ordonnance* annexée au *Code forestier*. *Voyez* CANTONNE-MENT. Cette procédure est aussi celle que l'on suit pour l'affranchissement des bois de l'état (63, 64, 111, *Cod.; 145, Ordonn.*). *Voyez* RACHAT.

AGE DES BOIS. Celui de la coupe des taillis, dans les forêts qui sont aménagées, est fixé à vingt-cinq ans ; à l'exception des forêts dont les essences dominantes sont en châtaignier et bois blanc, ou qui sont situées sur des terrains de la dernière qualité (67, *Ordonn.*).

AGENTS FORESTIERS. Ce sont les agents et préposés qui sont nommés aux mots ADMINISTRATION FORESTIÈRE. *Voyez* ces mots.

Nul ne peut exercer un emploi forestier, s'il n'est âgé de vingt-cinq ans accomplis, excepté les élèves sortant de l'école forestière, qui peuvent obtenir des dispenses d'âges. Ces emplois sont incompatibles avec toutes autres fonctions, soit administratives, soit judiciaires. Les agents forestiers n'entrent en fonction qu'après leur prestation de serment devant le tribunal civil de leur résidence, et après avoir fait enregistrer leurs commissions aux greffes des tribunaux dans le ressort desquels ils doivent exercer.

Les fonctions des agents forestiers sont nombreuses ; en voici les principales : ils procèdent à la délimitation des forêts et bois appartenant à l'état et aux communes, en présence des propriétaires riverains (10, *Cod.*) ; ils procèdent ensuite au bornage, un mois après l'expiration du délai accordé pour former oppositition à la délimitation, en présence des parties intéressées ou dûment appelées par un arrêté du préfet (12, *ibid*) ; ils font procéder, aux frais des adjudicataires en retard, aux travaux imposés à ces derniers par le cahier des charges, soit pour façonner les ramiers, nettoyer les coupes, soit tout autrement (41, *ibid*) ; ils font connaître, chaque année, aux communes et aux particuliers jouissant des droits d'usage, les cantons qui sont déclarés défensables, et le nombre des bestiaux qui seront admis au pâturage et au panage (69, *ibid*) ; Ils désignent les chemins par lesquels les bestiaux devront passer pour aller au pâturage, et donnent les indications convenables pour clore de fossés larges et profonds ceux de ces chemins qui traversent des taillis ou des recrues de futaies non défensables, afin d'empêcher les bestiaux d'y entrer (70, 71, *ibid.*).

C'est à la diligence des agents forestiers que se font les

ventes des coupes des bois de l'état, des communes et des établissements publics (100, *Cod.*). *Voyez* VENTE et ADJUDICATION.

Les agents, arpenteurs et gardes forestiers recherchent et constatent les délits et les contraventions, chacun dans son arrondissement particulier; ils saisissent les bestiaux trouvés en délit, les attelages, instruments et voitures (160, 161). Les actions et poursuites sont exercées par les agents forestiers, au nom de l'administration, sans préjudice du droit qui appartient au ministère public (159, *ibid*). Les agents forestiers sont autorisés à faire des visites et perquisitions, sans l'assistance d'un officier public, dans les usines, hangars et autres établissements autorisés, tels que fours à chaux ou à plâtre, briqueteries, tuileries, maisons sur perches, loges, baraques, ateliers ou magasins servant au commerce du bois; mais partout ailleurs ces agents ne peuvent s'introduire sans l'assistance d'un officier public, etc. (151, 152, 154, 157, *ibid.*).

Les agents forestiers représentent l'administration aux audiences; ils exposent l'affaire et prennent des conclusions (174, *ibid.*); chaque agent correspond avec le chef de service sous les ordres duquel il est placé, et lui rend compte de ses opérations (15, *ibid.*).

Tous les agents sont tenus d'avoir des sommiers et registres dont la direction générale détermine le nombre et la destination, pour y inscrire régulièrement, et par ordre de dates, les ordonnances et ordres de service qui leur sont transmis, leurs diverses opérations, leurs procès-verbaux et les déclarations qui leur sont remises (16, *ibid*); ils doivent toujours être revêtus de leur uniforme ou des marques distinctives de leurs grades, dans l'exercice de leurs fonctions (34, *ibid.*); ils ne peuvent rien exiger ni recevoir des communes ni des établissements publics, ni des particuliers, pour les opérations qu'ils font à raison de leurs fonctions (35, *Ord.;* 107, *Cod.*).

En cas de contraventions ou de malversations, des responsabilités et des peines sont sévèrement imposées à ces agents, notamment s'ils permettent ou tolèrent des additions ou changements dans l'assiette des coupes, après l'adjudication; s'ils y ajoutent des arbres ou portions de bois; alors ils sont punis d'une amende d'une valeur triple de celle des bois non compris dans l'adjudication, sans préjudice des peines criminelles s'il y a lieu (29, 207, *Cod.*).

Il serait inutile de rapporter ici tous les cas ou la loi prononce des peines contre les agents forestiers, chacun se retrouve dans un article spécial. Ajoutons seulement que les agents et gardes forestiers, chacun dans l'étendue de son arrondissement, ne peuvent prendre part aux ventes, par leurs alliés en ligne directe, par eux-même, leurs frères et beaux-frères, oncles et neveux, ou par personnes interposées, directement ou indirectement, soit comme partie principale, soit comme associés ou caution, à peine d'une amende qui ne peut excéder le quart, ni être moindre du douzième du montant de l'adjudication, et d'être en outre passibles de l'emprisonnement et de l'interdiction prononcée par l'art. 175 du Code pénal (21, *Cod.*).

AGENT FORESTIER LOCAL. C'est celui qui réside dans l'arrondissement où est située telle coupe ou vente de bois; c'est lui qui délivre le permis d'exploiter, et c'est à lui que l'adjudicataire signifie son intention de faire procéder au réarpentage de sa vente. *Voyez* PERMIS D'EXPLOITER.

AGENTS FORESTIERS DE LA MARINE. Ce sont les préposés que le département de la marine emploie à la recherche et au martelage des bois propres aux construtions navales.

Dès que le balivage et le martelage des coupes sont effectués, les agents forestiers chefs de service dans chaque inspection, en donnent avis aux ingénieurs, maîtres ou contre-maîtres de la marine, et ceux-ci procèdent de suite aux opérations de leur service (152, *Ordonn.*). *Voyez* PROCÈS-VERBAUX DE MARTELAGE, DIRECTEUR GÉNÉRAL, MARTELAGE, AFFICHES, PROCÈS-VERBAUX DE DÉLITS ET CONTRAVENTIONS.

AGENT SUPÉRIEUR D'ARRONDISSEMENT. C'est le chef de service dans telle conservation ou dans telle inspection, sous-inspection, ou arrondissement. *Voyez* CONSERVATEUR, INSPECTEUR, SOUS-INSPECTEUR (84, *Ordonn.*).

AGENTS DES FORÊTS DE LA COURONNE. *Voyez* GARDES DES FORÊTS DE LA COURONNE.

AMÉNAGEMENT. Ordre ou règlement des époques des coupes et de leur périodicité dans les bois et forêts qui appartiennent à l'état, à la couronne, aux communes, aux établissements publics, aux apanages, aux majorats réversibles, et autres bois qui sont soumis au régime forestier. L'aménagement est réglé par une ordonnance royale, après avoir été délibéré au conseil d'administration. Le système de l'aménagement fait partie de l'enseignement dans l'école royale forestière.

Dans les bois et forêts dont les coupes ne sont pas régulières, il est procédé à leur aménagement suivant la nature du sol, des essences, et principalement dans l'intérêt des produits en matière et de l'éducation des futaies. En conséquence l'administration recherche les forêts propres à être réservées pour croître en futaies, elle en propose l'aménagement, et indique les lieux où l'exploitation par éclaircie peut être employée (15, 89, 90, *Cod.*; 7, 41, 67, 68, *Ordonn.*).

AMENDES. Ce sont des peines pécuniaires que le *Code* inflige aux contraventions et aux délits; elles sont nombreuses et variées dans toutes les matières que la législation forestière embrasse. On trouve l'indication de ces amendes dans les articles qui leur sont propres. Ce serait donc une répétition aussi longue qu'inutile de les énoncer encore ici, il suffit de renvoyer à leurs articles respectifs; ainsi, *voyez* VENTE ET ADJUDICATION, AGENTS, GARDES FORESTIERS; AGENTS DE LA MARINE, ASSOCIATION SECRÈTE, SURENCHÈRE, CAUTIONS, ASSIETTES, ADJUDICATAIRE, ABATAGE, ENLÈVEMENT D'ARBRES, RESTITUTION D'ARBRES, BOIS ÉCORCÉS, CAHIER DES CHARGES, TRAITE DES BOIS, NETTOIEMENT DES COUPES, ÉPINES; FEU; ATELIER, LOGES, OUÏE DE LA COGNÉE, GARDE-VENTE, FER, CHAUD, RÉCIDIVE, ABUS, USAGERS, FAINES, GLANDS, COMMUNES USAGÈRES, PATURAGE, CHÈVRES, BREBIS, MOUTONS, BOIS MORT, SEC ET GISANT, DESTINATION DES BOIS, DÉFRICHEMENT, INCAPACITÉS, AFFOUAGES, ADMINISTRATEURS DES ÉTABLISSEMENTS PUBLICS, COUPES ORDINAIRES ET EXTRAORDINAIRES, BOIS TAILLIS, FORÊTS AMÉNAGÉES, INCENDIE, ÉLAGAGE, FOUR A CHAUX, BRIQUETERIE, TUILERIE, LOGES, BARRAQUES, MAISONS, FERMES, USINES, HANGARS, ARBRES, PLANTS, ÉHOUPPER, MUTILER, ÉCORCER, CHABLIS, PROPRIÉTAIRE D'ANIMAUX; *enfin, et particulièrement, voyez* RECOUVREMENT DES AMENDES.

ANIMAUX DE CHARGE. *Voyez* BESTIAUX et FORÊT.

APANAGES. Domaines, biens ou rentes, donnés aux fils puînés de France, pour leur nourriture et entretien. Il en est même qui sont possédés par de simples particuliers, mais ils sont pour la plupart réversibles à l'état, suivant leurs titres de concession; en conséquence ils sont soumis au régime forestier, quant à la propriété du sol et à l'aménagement des bois; ce qui est assez dire que les agents forestiers y font leurs exercices, recherches, visites, constatations et procès-verbaux comme dans les bois et forêts de l'état.

Les dispositions sur la délimitation, le bornage et les aménagements de ces derniers bois sont applicables à ceux des apanages (1 , 89 , *Cod.* ; 125 , 127 , *Ordon.*).

APPEL. Recours ou pourvoi au juge supérieur , contre la décision du premier juge. Se dit aussi de l'acte qui contient l'appel.

Les agents de l'administration, des forêts peuvent, en son nom, interjeter appel , et même se pourvoir en cassation contre les jugements en dernier ressort, mais ils ne peuvent se désister de cet appel sans autorisation. Le droit de l'administration est indépendant de celui du ministère public, qui peut toujours faire appel , lors même que les jugements auraient été acquiescés ou approuvés par l'administration et ses agents. Une simple signification, par extrait, du jugement, fait courir le délai de l'appel (183, 184, 209, *Cod.*).

APPLICATION sur le terrain. Comparer , vérifier , appliquer une pièce ou une méthode sur tel local. Les élèves forestiers font chaque année des applications sur le terrain, de la science qui leur a été enseignée (48, *Ordon.*). *Voyez* Excursion.

ARBRES. Ce sont les premiers et les plus grands des végétaux ; en d'autres termes , ce sont de fortes plantes boiseuses qui poussent de grandes racines et de grosses branches. On les divise en deux classes, pour la fixation des amendes dans le système forestier.

La première comprend les chênes , hêtres , charmes, ormes , frênes , érables , platanes, pins , sapins , mélèzes, châtaigniers , noyers, aliziers , sorbiers , cormiers , merisiers et autres arbres fruitiers.

La seconde se compose des aunes , tilleuls , bouleaux, trembles , peupliers , saules, et de toutes les espèces non comprises dans la première classe (194 , *Cod.*). *Voyez* les différents noms ci-dessus , chacun dans leur ordre alphabétique.

ARBRES déclarés. Ce sont ceux qui ont été indiqués par leurs propriétaires pour être abattus. (125 , 126 , *Cod.*) *Voyez, pour complément,* Déclaration d'abatage.

ARBRES de lisière. On appelle ainsi ceux qui sont laissés dans les ventes et coupes de bois entre deux pieds-corniers pour servir de parois à la coupe qui est permise , ou pour séparer les bois et forêts des chemins et des propriétés qui n'appartiennent pas à l'état. La lisière est la bordure d'un pré, d'un champ, d'un bois , etc. Les plantations destinées à remplacer les arbres de lisière sont effectuées en arrière de la ligne de délimitation, à la distance prescrite par l'article 591 du Code civil (124, 150 , *Cod. for.* ; et 176 *Ordon.*). *Voyez* COUPE ORDINAIRE , MARTELAGE.

ARBRES ÉPARS. Ce sont ceux qui, isolés ou séparés des masses, sont placés dans les lisières ou sur les extrémités des propriétés ; ils sont sujets au martelage. Ceux qui appartiennent aux communes et aux établissements publics , dans les bois soumis au régime forestier , doivent être déclarés par les avant de les faire abattre, afin que la marine puisse y faire un choix (124, 125, *Cod.*; 153 , *Ordonn.*). *Voyez* DÉCLARATION D'ABATAGE.

ARBRES DE RÉSERVE. Ce sont les arbres baliveaux et tous ceux qui sont mis en réserve pour les besoins de la marine , des communes et des établissements publics (*art.* 33 , 34, *Cod.*). *Voyez* BALIVAGE, BALIVEAUX, RÉSERVE.

ARBRES D'ASSIETTES. *Voyez* ASSIETTES.

ARBRES DE LIMITES. On appelle ainsi les pieds-corniers et les parois destinés à la délimitation de coupes (76 , *Ordonn.*). *Voyez* PAROIS, PIEDS-CORNIERS , DÉLIMITATION.

ARBRES MORTS. On désigne ainsi ceux qui , privés de sève, ne végètent plus ; ils sont péris sur pied, ils ne peuvent, ainsi que les arbres dépérissants, ébranchés et endommagés, être vendus, même comme menus marchés , sans l'autorisation du ministre des finances (103 , *ibid.*).

ARBRES MARTELÉS. Ce sont ceux qui ont reçu l'empreinte du marteau royal de la marine , et qui sont choisis pour les constructions navales ; ils sont néanmoins compris dans les adjudications des coupes de bois, mais sous des conditions exprimées *verbo* ADJUDICATAIRES.

On en peut même disposer quand la marine n'en a pas pris livraison , et payé le prix dans trois mois après la notification de l'abatage. *Voyez ce mot.* Dans tout autre cas , les arbres martelés ou marqués ne peuvent être distraits de leur destination, à peine d'une amende de 45 fr. par mètre de tour de chaque arbre. Au surplus ces arbres ne peuvent être écarris avant leur livraison , ni détériorés par les agents de la marine , avec des haches, scies, sondes, ou autres instruments, à peine de la même amende (123 , 138 , 123 , *Cod.*). *Voyez, pour complément*, BALIVEAUX, MARTELAGE.

ARBRES DÉPÉRISSANTS , qui annoncent des vices intérieurs , ou un mauvais état , ou de graves mutilations, ou une fin prochaine. Ils ne peuvent être vendus ni abattus sans autorisation , même ceux qui forment le quart de réserve. *Voyez* ces mots (103 , 140, *Ordonn.*).

ARBRES RÉSINEUX, qui produisent la résine ou des sucs de même nature , tels que le pin , le sapin , le lentisque, etc. Les bois totalement peuplés d'arbres résinenx ne sont pas compris dans les quarts de réserve pour les communes. *Voyez* ces mots.

Ceux dont les coupes se font en jardinant , ne peuvent être vendus, avant qu'une ordonnance ait déterminé l'âge et la grosseur que les arbres doivent avoir (93, *Cod.* ; 72 , *Ordonn.*).

ARBRES DE SEMIS. Ceux qui ont été semés de mains d'hommes, et qui ne sont pas venus sur souches. Les coupes et enlèvements d'arbres semés ou plantés dans les bois et forêts , faits sans aucun droit, sont des délits punis d'une amende de 3 francs par chaque arbre lorsqu'il est âgé de moins de cinq ans , et en outre d'un emprisonnement de six à quinze jours (194, § *dernier, Cod.*). *Voyez* ENLÈVE-MENT FRAUDULEUX.

ARBUSTES. Plantes ligneuses qui croissent moins haut que les arbrisseaux et dont elles diffèrent parce qu'elles ne produisent pas de bourgeons. Elles doivent être abattues dans le nettoiement des coupes (41 *ibid.*).

ARPENTEURS FORESTIERS. Ce sont des agents de l'admi-nistration forestière , qui sont chargés de mesurer , arpenter et réarpenter les bois et forêts de l'état, et autres, assujétis au régime forestier; ils sont aussi chargés de constater les délits et les contraventions , sous les mêmes peines que les autres agents , et ils sont passibles de tous dommages intérêts par suite des erreurs qu'ils ont commises , lorsqu'il en résulte une différence d'un vingtième de l'étendue de la coupe , sans préjudice des peines infligées par le Code pén. , pour mal-versations, concussions ou abus de pouvoir (52, 207, *Cod.*).

Les arpenteurs font les tournées, vérifications et opérations qui leur sont prescrites par leurs chefs (4, *Ordonn.*). Leurs rétributions pour l'arpentage des coupes sont fixées par le ministre des finances. Pour les autres opérations de leur ser-vice , telles que celles de géométrie, nécessaires aux déli-mitations , aménagements , partages , échanges , et tous les travaux extraordinaires dont ils sont chargés , leur salaire est réglé de gré à gré , entre eux et la direction générale (20, *Ordonn.*).

Au nombre des délits qu'ils constatent, les arpenteurs recherchent spécialement les déplacements de bornes, les dégradations et altérations des limites, et ils remettent les procès-verbaux qu'ils en dressent aux agents forestiers (22, *ibid.*). Les arpenteurs sont tenus de représenter à toute réquisition aux agents chefs de service, les minutes et expéditions des procès-verbaux, plans et actes quelconques relatifs à leurs travaux. En cas de cessation de fonctions, les arpenteurs ou leurs héritiers remettent ces actes, dans la quinzaine, au chef du service (23, *ibid.*). Ils ne peuvent, sous peine de révocation et sans préjudice des dommages-intérêts, donner aux laies et tranchées qu'ils ouvrent pour le mesurage des coupes, plus d'un mètre de largeur (75, *ibid.*). *Voyez* COUPE ORDINAIRE.

ARPENTAGE. Action de mesurer et arpenter l'étendue, la contenance et la superficie des bois et forêts, des coupes ou ventes, etc.; il est fait sans aucuns frais pour les communes et établissements publics, au moyen de l'indemnité accordée au gouvernement pour son administration. *Voyez* ARPENTEURS, INDEMNITÉ ET PROCÈS-VERBAUX D'ARPENTAGE (106, 107 *Cod.*, 83 *Ordonn.*).

ARRACHEMENT. Action d'arracher, de déraciner, de mettre hors de terre. Quiconque arrachera des plans dans les bois et forêts sera puni d'une amende de 10 à 300 fr. et d'un emprisonnement de quinze jours si le délit a été commis dans un semis ou plantation exécutée de main d'homme (195, *Cod.*).

Pendant 20 ans, à dater de la promulgation du Code, aucun propriétaire ne pourra faire arracher ni défricher ses bois qu'après en avoir fait sa déclaration à la sous-préfecture, six mois d'avance, pendant lesquels l'administration pourra s'y opposer. Le préfet statuera sur l'opposition sauf le recours au ministre des finances. Si, dans les six mois après la signification de l'opposition, la décision du ministre n'a pas été notifiée au propriétaire, l'arrachement ou défrichement peut être fait. En cas de contravention à ce que dessus, le propriétaire est condamné à une amende de 500 à 1500 fr. par hectare de bois défriché et en outre à rétablir les lieux en nature de bois dans trois années au plus; et à défaut de le faire dans le délai prescrit, le rétablissement se fait à ses frais, par l'administration forestière, sur l'autorisation préalable du préfet qui arrête le mémoire des travaux faits et le rend exécutoire contre le propriétaire. Tout cela s'applique aux bois semés ou plantés par remplacement de bois défrichés (195, 219, 220, 221, 222).

ARRÊTS. Jugements souverains et sans appel qui sont prononcés par les cours. Les agents de l'administration forestière sont autorisés à se pourvoir en cassation contre les arrêts et jugements en dernier ressort (183, *Cod.*).

ARRÊTS du conseil. Ce sont ceux qui ont été donnés par l'ancien conseil du roi , portant règlement sur diverses matières. Le nouveau Code abroge tous céux qui étaient relatifs à l'ancienne législation forestière (218, *ibid.*).

ARRONDISSEMENT forestier. Action d'arrondir, ou état de ce qui est arrondi. En d'autres termes : Ordre ou arrangement d'une certaine quantité de bois et de forêts. Un agent supérieur dirige chaque arrondissement, qui est délibéré et arrêté en conseil d'administration (7, § 5, *Cod.* ; 84, *Ordonn.*).

ASPIRANTS. Jeunes gens de 19 à 22 ans, qui sont admis à concourir aux places d'élèves dans l'École royale forestière.

Les aspirants sont interrogés par les examinateurs des écoles royales militaires dans les mêmes temps et les mêmes lieux. Pour être admis au concours , chaque aspirant doit adresser au directeur général , 1° son acte de naissance constatant qu'il n'a pas moins de dix-neuf ans et plus de vingt-deux ; 2° un certificat d'un médecin ou chirurgien, dûment légalisé , attestant qu'il a été vacciné, ou qu'il a eu la petite-vérole ; 3° un certificat qu'il a terminé son cours d'humanités ; 4° la preuve qu'il possède un revenu de 1,200 fr., ou à défaut, une obligation par laquelle ses parents s'engagent à lui fournir une pension de pareille somme pendant son séjour à l'école forestière et une pension de 400 fr. depuis le moment où il sortira de l'école jusqu'à l'époque où il sera employé comme garde-général en activité (44, *ibid.*).

Les aspirants sont encore examinés sur l'arithmétique complète, le système métrique , la géométrie élémentaire, le dessin , la langue française ; ils traduisent un passage de l'un des auteurs latins que l'on explique en rhétorique sous les yeux de l'examinateur. Les objets de l'examen sont annoncés par un programme (44, 45, *Ordonn.*). *Voyez* ÉLÈVES, UNIFORME, pour complément.

ASSIETTE. Désignation du lieu destiné , dans un bois ou forêt , à former une coupe ou vente dans l'année.

Après l'adjudication il ne peut être fait aucun changement à l'assiette des coupes, n'y être ajouté aucun arbre ou portion de bois sous aucun prétexte, sous peine d'une amende triple de la valeur des bois non compris dans l'adjudication, sans préjudice de la restitution de ces mêmes bois ou de leur valeur. L'amende sera même élevée à la valeur des bois coupés en délit, si ceux ajoutés à la coupe sont plus âgés ou de meilleure qualité que ceux de la vente, sans préjudice d'une somme double à titre de dommages-intérêts. Lorsque les coupes sont autorisées, les conservateurs désignent ou font désigner les arbres d'assiette et ordonnent de procéder aux arpentages (29, *Cod.*; 74 , *Ordonn.*).

ASSOCIATION secrète. Union suspecte de plusieurs personnes qui se joignent ensemble pour des manœuvres ou desseins frauduleux ou illégitimes. Toute association de cette nature entre les marchands de bois ou autres, tendante à nuire aux enchères, à les troubler ou à obtenir les bois à plus bas prix, est punie des peines portées par l'art. 412 du Code pénal; et si l'adjudication a été faite au profit de l'association secrète, ou des auteurs des manœuvres, elle sera déclarée nulle (22, *Cod.*).

ATELIERS. Lieux où travaillent les ouvriers des adjudicataires, pour y façonner leurs bois de charpente et autres. Ces ateliers ne peuvent être établis que dans les lieux indiqués par écrit par les agents forestiers; ils ne peuvent l'être également dans les maisons ou fermes actuellement existantes dans la distance de 500 mètres des bois et forêts soumis au régime forestier, le tout à peine de 50 fr. d'amende (38, 154, *ibid.*).

ATTELAGES. Animaux attelés aux voitures, avec les harnais dont ils sont couverts. Ceux des délinquants sont saisissables par les gardes champêtres (161, *Cod.*). *Voyez* GARDES, SEQUESTRE.

AUDIENCE. Lieu où elle se tient. Se dit aussi de l'assemblée ou compagnie de ceux qui la tiennent. Aux audiences tenues pour le jugement des délits et contraventions poursuivis à la requête de la direction générale, l'agent forestier chargé de la poursuite aura une place particulière à la suite du parquet des gens du roi; il est vêtu de son uniforme et se tient découvert pendant l'audience (185, *ibid.*).

AULNES. Arbres ou bois blancs de qualité inférieure, rangés dans la deuxième classe des arbres en général (185, *ibid.*).

AVENUES. Allées bordées d'arbres qui conduisent ordinairement à des maisons de plaisance. Les arbres de ces avenues, quoique appartenants à des particuliers, sont assujettis aux choix et martelage de la marine pendant dix ans, à compter de la promulgation du Code (124, *Cod.*).

B.

BALIVAGE. Action de compter et marquer les baliveaux qui restent en réserve sur chaque vente ou coupe, pour croître en futaies. On en réserve cinquante par hectares de l'âge de la coupe. En cas d'impossibilité les causes en sont énoncées par le procès-verbal de balivage.

Les baliveaux modernes et anciens ne peuvent être abattus qu'autant qu'ils sont dépérissants. Il est procédé aux opérations du balivage par deux agents au moins ; le garde du triage y assiste et mention de sa présence est faite au procès-verbal. Cet acte indique le nombre et les espèces d'arbres marqués en réserve, avec distinction en baliveaux de l'âge, modernes et anciens, pieds corniers et parois. Le procès-verbal, dûment signé des agents et gardes, est adressé dans la huitaine au conservateur (70, 78, 81, *Ordonn.*). *Voyez* BALIVEAUX, EMPREINTE.

BALIVEAUX. Jeunes arbres choisis et laissés dans les coupes de taillis pour former des futaies. L'adjudication doit en laisser cinquante par hectares (70, *Cod.*). Ceux de l'âge du taillis sont marqués à la hauteur et de la manière déterminées par les instructions de l'administration. Un simple griffage suffit pour marquer ceux qui sont trop faibles pour recevoir l'empreinte du marteau royal.

Les baliveaux de l'âge sont ceux qui ne sont pas plus anciens que la coupe. Les modernes sont ceux réservés des coupes précédentes jusqu'à soixante ou quatre-vingts ans (*Ordonn. de* 1669). Les anciens sont ceux qui sont plus âgés que les précédents (70, 79, 81, *Ordonn.*).

BARAQUE. Petit logement ou hutte en terre, planches ou branches d'arbres, destiné à mettre les instruments et même les ouvriers des adjudicataires, à couvert ou en sûreté. Il ne peut en être construit dans l'enceinte et à moins d'un kilomètre des bois et forêts sans l'autorisation du gouvernement, à peine de 50 fr. d'amende et de la démolition dans le mois du jugement qui l'aura ordonnée (152, *Cod.*).

BESTIAUX, PLURIEL DE BÉTAIL. On nomme ainsi les bœufs, vaches, veaux, brebis, chèvres, moutons.

Le nombre des bestiaux mis en pâturage est fixé par

l'administration forestière suivant les droits des usagers. Les agents forestiers font connaître cette fixation aux communes et aux particuliers jouissant des droits d'usage, et les maires en font faire la publication. Les bestiaux des usagers sont marqués d'une marque spéciale, à peine d'une amende de 5 francs pour chaque tête de bétail non marqué.

Lorsque les bestiaux des usagers sont trouvés dans les forêts, hors des chemins désignés pour aller au pâturage ou hors des cantons défensables, il y a lieu à une amende de 5 à 30 francs contre le pâtre, qui en cas de récidive sera condamné à un emprisonnement de 5 à 15 jours (68 à 72, 76, 77, 146, 147 *Cod.*). *Voyez,* pour complément, CHEMINS, EMPREINTE, FORÊT, MARQUE, PÂTRE, PORC, COMMUNES, RÉCIDIVE, USAGERS, VOITURES.

BÊTES DE SOMME. Sont celles qui portent des charges ou qui tirent les voitures où elles sont attelées. Il est des amendes fixées par tête de bêtes de somme. *Voyez* EXTRACTION, VOITURES.

BILLE. Branche d'arbre coupée par les deux bouts pour planter. Se dit aussi d'un tronc ou portion d'arbre sciée aux deux bouts. *Voyez* TRONCE.

BOIS ET FORÊTS. Grandes étendues de terrains plantés ou semés en arbres de différentes espèces. Ils sont en général soumis au régime forestier et sont administrés conformément aux dispositions du Cod. for. (*art.* 1er). *Voyez les articles suivants.*

BOIS ET FORÊTS DE L'ÉTAT. Sont ceux qui appartiennent à l'état proprement dit. *Voyez,* pour éviter des répétitions, ADJUDICATION, AMÉNAGEMENTS, COUPES, USAGES, AFFRANCHISSEMENTS, AFFECTATIONS, USAGERS, APANAGES, MAJORATS, BOIS INDIVIS, INDEMNITÉ, AGENTS DE LA MARINE, DÉPARTEMENT DE LA MARINE, RÉGIME FORESTIER.

BOIS ET FORÊTS DE LA COURONNE. Ceux qui font partie de la liste civile et des domaines de la couronne, dont le trésor reçoit les produits. Ils sont, comme ceux de l'état et des communes, assujettis au régime forestier (1er *ibid.*).

Mais ils sont exclusivement régis et administrés par le ministre de la maison du roi (86 *ibid.*). Néanmoins toutes les dispositions de l'ordonnance d'exécution du Code forestier sont applicables aux bois et forêts de la couronne (124, ordonn.). *Voyez les articles suivants, et ceux auxquels on renvoie à l'article* BOIS DE L'ÉTAT.

BOIS DES COMMUNES ET DES ÉTABLISSEMENTS PUBLICS. Les

premiers sont ceux dont les habitants des communes, ou sections de communes, sont propriétaires. Les autres sont ceux dont la propriété appartient par concessions, donations, fondations, legs ou autres acquisitions, aux hôpitaux, fabriques, églises ou autres établissements publics. Tous ces bois sont soumis au régime forestier, lorsqu'ils sont susceptibles d'aménagement.

Lors des adjudications des coupes ordinaires ou extraordinaires des bois des établissements publics, il est fait en leur faveur, et suivant les formes prescrites par l'autorité administrative, réserve de la quantité de bois, tant de chauffage que de construction, nécessaire pour leur propre usage (102, *Cod.*). Cette réserve est d'un quart des bois, lorsqu'ils sont au moins de dix hectares réunis ou divisés. Les bois résineux en sont exceptés (23, *ibid.*). *Voyez* QUART DE RÉSERVE. Les dispositions du Code (8ᵉ sect., tit. 3) sur l'exercice des droits d'usage dans les bois de l'état sont applicables à la jouissance des communes et des établissements publics dans leurs propres bois, ainsi qu'aux droits d'usage dont les mêmes bois pourraient être grevés (122, *ibid.*). *Voyez* USAGE.

La propriété des bois communaux ne peut jamais donner lieu à partage entre les habitants, mais lorsque deux ou plusieurs communes possèdent un bois par indivis, chacune conserve le droit d'en provoquer le partage (92, *ibid.*).

L'administration forestière dresse, si fait n'a été, un état général des bois appartenants à des communes ou établissements publics qui sont soumis au régime forestier, comme étant dans le cas d'être régulièrement exploités (1, 90, *ibid.*). S'il y a contestation de la part des communes ou établissements, la vérification des bois est faite par les agents forestiers, contradictoirement avec les maires ou administrateurs des établissements. Procès-verbal en est dressé, envoyé au préfet qui fait délibérer, sur son contenu, les conseils municipaux ou les administrateurs, et envoie le tout au ministre des finances, lequel en fait son rapport au roi qui décide (128, *ibid.*).

Lorsqu'il y a lieu d'opérer la délimitation des bois des communes et des établissements publics, il est procédé de la manière prescrite pour la délimitation et le bornage des forêts (129). *Voyez* DÉLIMITATION. Le préfet nomme des agents forestiers pour opérer, dans l'intérêt des communes, ces délimitations ; mais auparavant il prend l'avis des conservateurs, des maires ou des administrateurs (130). Le maire de la commune, ou l'un des administrateurs, a droit d'assister à toutes les opérations de l'agent forestier. Leurs dires, observations ou oppositions sont consignés au procès-verbal de délimitation, sur lequel le conseil municipal ou les administrateurs sont appelés à délibérer, avant qu'il soit soumis à l'homologation du roi (131, *ibid.*). Sil s'élève des contestations ou des oppositions, les communes ou établissements propriétaires seront autorisés à intenter action ou à défendre s'il y a lieu, et les actions seront suivies par les maires ou administrateurs dans la forme ordinaire (132, *ibid.*). *Voyez* FRAIS DE DÉLIMITATION. Au surplus toutes les dispositions de l'ordonnance réglémentaire du Code forestier, concernant les *aménagements, assiettes, arpentages, balivages, martelages, adjudications, exploitations des coupes, réarpentages, adjudications de glandées, paissons* et *ventes* dans les bois de l'état, sont applicables à ceux des communes et des établissements publics (134, *Ordonn.*). *Voyez* ces différents mots.

Cependant les ordonnances d'aménagements ne sont rendues qu'après que les conseils municipaux, ou les administrateurs des établissements, ont été consultés et que les préfets ont donné leur avis (135, *ibid.*). Dans les coupes des bois des communes et des établissements, la réserve des baliveaux est de quarante, ou de cinquante au plus, par hectare, et, lors de la coupe des quarts en réserve, le nombre des arbres à conserver est de soixante au moins et de soixante au plus par hectare (137, *ibid.*). *Voyez* DÉLAI DE COUPE ET DE VIDANGE.

Il ne peut être fait, dans les bois des communes et des établissements publics, aucune adjudication de glandée, pacage ou paisson, qu'en vertu d'autorisation du préfet, rendue sur l'avis des communes ou des administrateurs de l'établissement et de l'agent forestier (139).

Les communes qui ne sont pas dans l'usage d'employer la totalité des bois de leurs coupes à leur consommation, font connaître la quantité de bois nécessaire pour leurs besoins, à l'agent forestier local, et il leur en est fait délivrance par l'adjudicataire de la coupe au moyen d'une réserve (141, *ibid.*).

Les administrateurs fournissent aussi un état des quantités de bois dont les établissements ont besoin. Cet état est visé par le sous-préfet, et les quantités sont délivrées aux établissements par l'adjudicataire aux époques fixées par le cahier des charges (142, *ibid.*).

BOIS indivis. Ce sont ceux qui sont communs, ou non partagés entre l'état, la couronne et des particuliers, ou entre des communes, des établissements publics et des particuliers. Ces propriétés indivises sont soumises au régime forestier, lorsqu'elles sont reconnues dans le cas d'être mises en aménagement (1er §, 6, *Cod.*). Ainsi, toutes les dispositions du Code forestier relatives à la conservation, à la régie des bois qui font partie du domaine de l'état et à la poursuite des délits et contraventions commis dans ces bois, sont applicables aux bois indivis (113). Il en est de même de toutes les dispositions de l'ordonnance d'exécution du Code, qui sont relatives aux forêts de l'état (147, *Ordonn.*). En conséquence, aucun des propriétaires ne peut y faire seul une coupe ordinaire ou extraordinaire, ni une vente, ni une exploitation, sous peine d'une amende égale à la valeur des bois abattus et les ventes seront nulles (114, *Ordonn.*). Mais les copropriétaires ont, dans les restitutions et dommages-intérêts, la même part que dans le produit des ventes, chacun dans la proportion de ses droits (116, *ibid.*).

Lorsqu'il y a lieu d'effectuer des travaux extraordinaires pour l'amélioration des bois indivis, le conservateur communique aux copropriétaires les propositions et projets de travaux (148); et si quelques uns de ces bois sont susceptibles d'être partagés sans inconvénients, l'administration des forêts en soumet l'état au ministre des finances, qui décide s'il y a lieu de provoquer le partage; alors l'action est intentée conformément au droit commun suivant les formes ordinaires. Les experts sont nommés, par le préfet, dans l'intérêt de l'état, sur la proposition du directeur des domaines; par le maire, dans l'intérêt des communes, sauf l'approbation du conseil municipal; et par les administrateurs dans l'intérêt de leurs établissements (148, *ibid.*).

BOIS des particuliers. Ce sont ceux sur lesquels les propriétaires exercent tous les droits résultant de la propriété, en vertu de titres ou de possessions légales (2, *Cod.*).

Les particuliers jouissent de la même manière que le gouvernement, et sous les conditions déterminées par l'art. 63, de la faculté d'affranchir leurs forêts de tous droits d'usages en bois (118). Ainsi toutes les dispositions du Code, relatives à l'affranchissement du droit d'usage, sont communes et applicables aux bois des particuliers (120, *ibid.*). *Voyez* Affranchissement, Usage. Les droits de pâturage, parcours, panage et glandée dans les mêmes forêts et bois, ne sont exercés que dans les parties déclarées défensables par l'administration forestière et suivant l'état et la possibilité des forêts reconnus et constatés par la même administration. Cependant les chemins par lesquels les bestiaux devront passer pour aller au pâturage et pour en revenir seront désignés par le propriétaire (119, *Cod.*).

L'exploitation des bois, requis dans ceux des particuliers, pour les travaux du Rhin, sera faite par les entrepreneurs des ponts et chaussées sous la surveillance des agents forestiers. Ces entrepreneurs seront soumis aux mêmes obligations et à la même responsabilité que les adjudicataires des coupes des bois de l'état, si mieux le propriétaire n'aime faire exploiter lui-même, ce qu'il sera tenu de déclarer aussitôt que la réquisition lui aura été notifiée; mais à défaut d'effectuer l'exploitation dans le délai fixé par ladite réquisition, il y sera procédé, à ses frais, sur l'autorisation du préfet (140, *Cod.*).

Lorsque les propriétaires, ou les usagers, seront dans le cas de requérir l'intervention d'un agent forestier pour visiter les bois des particuliers, à l'effet d'en constater l'état, ou de déclarer s'ils sont défensables, ils en adresseront la demande au conservateur qui désignera un agent forestier pour procéder à cette visite. L'agent forestier, ainsi désigné, dresse procès-verbal de ses opérations, en énonçant toutes les circonstances sur lesquelles sa déclaration est fondée. Il dépose ce procès-verbal à la sous-préfecture, où les parties pourront en réclamer des expéditions (151, *Ordonn.*). *Voyez* GARDES PARTICULIERS, TRAVAUX DU RHIN.

BOIS EN ÉTAT. Est celui qui est sur pied et d'une belle venue. *Voyez* VIDANGE DES VENTES.

BOIS FUTAIES. *Voyez* FUTAIES.

BOIS TAILLIS. Sont ceux qui sont mis en coupes réglées. *Voyez* TAILLIS.

BOIS DE CONSTRUCTION, autrement dits propres à bâtir ou à construire des édifices, ouvrages, etc.

Il est interdit aux usagers de changer la destination des bois de construction qui leur sont délivrés, à peine d'une amende double de la valeur des bois, sans que cette amende puisse être au-dessous de 50 fr. (83, *Cod.*). L'emploi de ces bois doit être fait dans deux ans, sauf une prorogation de délai qui peut être accordée par l'administration forestière; mais après l'expiration du délai, elle peut disposer des arbres non employés (84, *ibid.*). *Voyez*, pour complément, CONSTRUCTION.

BOIS cariés. Se dit des arbres viciés intérieurement ou extérieurement. *Voyez* Bois dépérissants.

BOIS charmés. Ce sont ceux qui vont périr ou sont prêts à tomber.

BOIS gisant. Celui qui est coupé, ou abattu et couché sur terre. Il doit être enlevé dans les délais fixés pour la vidange des ventes, à peine d'une amende de 50 à 500 fr., et en outre des dommages-intérêts dont le montant ne peut être inférieur à la valeur estimative des bois gisants sur les coupes. Il y a même lieu à leur saisie à titre de garantie pour les dommages-intérêts (40, *Cod.*).

Ceux qui n'ont dans les bois de l'état d'autres droits que de prendre le bois mort - sec et gisant, ne peuvent, pour l'exercice de ce droit, se servir de crochets ou ferrements d'aucune espèce, à peine de 3 fr. d'amende (80, *ibid.*).

BOIS de chauffage. Celui qui n'est propre qu'à brûler. Les bois de chauffage qui se délivrent par coupes aux usagers, sont exploités par un entrepreneur spécial nommé par eux et agréé par l'administration forestière (81, *ibid.*). *Voyez* Entrepreneur spécial.

Les bois de chauffage ne peuvent être vendus, ni échangés, ni employés à une autre destination, à peine d'amende de 10 à 100 fr. (83, *ibid.*). Enfin ces mêmes bois, lorsqu'ils se délivrent par stère, sont mis en charge sur les coupes adjugées, et fournis aux usagers par les adjudicataires, aux époques fixées par le cahier des charges. Le maire en reçoit la livraison pour les communes usagères et il en fait le partage aux habitants (122, *Ordonn.*). *Voyez* Bois des communes et des établissements publics.

BOIS de délit. Se dit de celui qui est pris par vol ou maraudage. Les agents forestiers sont tenus de les marquer de leurs marteaux en les saisissant (7, *Cod.*). Celui qui enlève des bois de délit est condamné aux mêmes amendes et restitutions que s'il les avait abattus sur pied (197, *ibid.*). *Voyez* Restitution, Enlèvement frauduleux.

BOIS requis. Est celui qui est mis en réquisition par un préfet pour un service public. *Voyez* Bois des particuliers et des travaux du Rhin.

BOIS blancs. Ce sont les bouleaux, peupliers, trembles et autres arbres de la seconde classe. *Voyez* Arbres.

BOIS chablis. *Voyez* Chablis.

BOIS rabougri. *Voyez* Abougri.

BOIS façonnés. Ce sont ceux qui sont exploités, équarris,

préparés à tel objet ou construction. Le directeur général peut ordonner que les bois, à couper par éclaircie, soient exploités et façonnés pour le compte de l'état ; alors ces bois sont vendus par lots dans la forme ordinaire des adjudications aux enchères, et à la charge par ceux qui s'en rendent adjudicataires de payer le prix de l'abattage et de la façon desdits bois (88, *Ordonn.*).

BOIS ÉCORCÉ OU PELÉ. Est celui dont on a enlevé l'écorce. Les adjudicataires ne peuvent, à moins d'une autorisation expresse, peler ou écorcer les bois de leurs ventes, à peine de 50 à 500 fr. d'amende, et de la saisie des écorces et bois écorcés, indépendamment des dommages intérêts qui seront d'une valeur égale à celle des bois pelés et écorcés (36, *Cod.*).

BOIS DE RÉSERVE. *Voyez* RÉSERVE.

BOIS COMMUNAUX. Sont les mêmes que ceux des communes ou sections de communes. *Voyez*, pour la coupe de ces bois destinés à être partagés en nature, l'article AFFOUAGE.

BOIS DÉFENSABLES. On nomme ainsi ceux qui sont en âge de se défendre contre la dent des bestiaux envoyés au pâturage, c'est-à-dire lorsque les bois sont assez élevés et assez forts pour que les extrémités des branches et les bourgeons ne puissent être broutés. Les usagers ne peuvent exercer leurs droits que dans les bois déclarés défensables par l'administration, nonobstant toute possession contraire (67, *ibid.*, 119, *ibid.*).

BOIS DE DÉFENS. Se dit de ceux dont l'entrée est défendue aux bestiaux. *Voyez* BOIS DES PARTICULIERS, USAGERS.

BOIS D'ÉQUARRISSAGE. *Voyez* ÉQUARRI ou ÉCARRI.

BOIS DE RECÉPAGE. Est un bois incendié, ou gâté par délit, ou abrouti. *Voyez* RECÉPAGE.

BORNAGE. Action de borner, de fixer en terre des bornes qui, élevées convenablement au-dessus du sol, forment des signes visibles de séparation des propriétés. Les bornes ne se fixent qu'après la reconnaissance des limites. Se dit aussi de l'action en bornage, qui est adressée au préfet du département de la situation des lieux (57, *ibid.*). *Voyez*, pour complément de cet article, DÉLIMITATION.

BOULEAU. Bois blanc léger de la seconde classe des arbres (192). *Voyez* ENLÈVEMENT FRAUDULEUX.

BRANCHAGES. Ce sont les branches des arbres. Se dit particulièrement de celles qui sont coupées. Les branchages des bois délivrés pour construction aux usagers sont vendus comme menus marchés (123, § 4, *Ordonn.*).

BREBIS. La femelle du bélier. Les usagers ne peuvent conduire des brebis dans les forêts et lieux où ils exercent leur droit, à peine d'une amende de 2 fr. par chaque tête de brebis (78, 199, *Cod.*). Il en est de même des habitants des communes et des administrateurs des établissements publics, qui ne peuvent introduire de brebis dans les bois de ces établissements et des communes sous les mêmes peines.

Cette prohibition n'aura son effet que dans deux ans de la publication du Code forestier dans les bois où le pâturage a été toléré, contrairement à la disposition de l'ordonnance de 1669. Toutefois le pacage des brebis pourra l'être avec l'autorisation du roi (110, *Cod.*).

BREF DÉLAI. Celui qui est abrégé par la loi ou par ordonnance de justice. Lorsqu'un jugement ordonne un renvoi à fins civiles, il doit fixer un bref délai pour faire juger la question préjudicielle que l'une des parties a élevée, sinon il est passé outre au jugement du délit ou de la contravention (182, § 3). *Voyez* EXCEPTION PRÉJUDICIELLE, ACTION EN RÉPARATION.

BRIQUETERIE. Atelier, usine, où l'on fait des briques. On ne peut en établir dans l'intérieur et à moins d'un kilomètre des forêts, sans l'autorisation du gouvernement, à peine d'amende de 100 à 500 fr. et de la démolition de la briqueterie (151, *ibid.*).

BRUYÈRES. Espèces d'arbustes sauvages qui croissent dans les terres incultes et vagues que l'on appelle landes. On ne peut enlever des bruyères dans les forêts, sans autorisation, à peine de différentes amendes, savoir par charretée ou tombereau, de 10 à 30 fr.; pour chaque bête attelée, pour chaque charge d'homme, de 2 à 6 fr.; et pour chaque charge de bête de somme, de 5 à 15 fr. Cette amende est aussi infligée aux enlèvements de glands, faînes et autres productions des forêts, ainsi qu'aux extractions de pierres, sables, minerais, tourbes, herbages, etc. (144, *ibid.*).

BÛCHERONS. Ouvriers qui font des bûches et des fagots. Les adjudicataires sont responsables pour leurs bûcherons des délits et contraventions qu'ils peuvent commettre (46, *ibid.*).

BUDGET GÉNÉRAL. C'est l'état des recettes et dépenses de l'administration forestière pour une année, sur lequel il est délibéré par le conseil de cette administration, avant d'être soumis au ministre des finances (7, *Ordonn.*). Le mot BUDGET est anglais.

C.

CAHIER DES CHARGES. Acte qui contient les clauses et conditions d'une vente de bois, par coupes ordinaires ou extraordinaires. Toute contravention au cahier des charges, relativement au mode d'abattage, est punie d'une amende de 5o à 5oo fr. Les conditions générales des adjudications sont établies par le cahier des charges, qui est délibéré chaque année par la direction générale des forêts et approuvé par le ministre des finances.

Les clauses particulières de ce cahier sont arrêtées par le conservateur.

Toutes clauses, tant générales que particulières, sont toujours de rigueur, et ne peuvent jamais être réputées comminatoires (82, *Ordonn.*).

CANTONNEMENT. On désigne ainsi la délivrance ou l'indemnité en nature, d'une quantité de bois donnée par le gouvernement pour le rachat ou l'affranchissement des droits d'usage et des affectations en bois, dans ses forêts (63, *Cod.*).

Lorsque les titres des concessionnaires d'affectations de bois sont reconnus valables et non atteints par des prohibitions, le gouvernement peut également affranchir les bois de ces affectations par un cantonnement qui est réglé de gré à gré, ou, en cas de contestation, par les tribunaux pour tout le temps que devait durer la concession; il en est de même pour le rachat du droit d'usage en bois. L'action en cantonnement ne peut cependant pas être intentée par les concessionnaires. *Voyez* AFFECTATIONS, AFFRANCHISSEMENTS.

Les autres droits d'usage qui ne sont pas en nature de bois, tels que les pâturage, panage et glandée, se rachètent par des indemnités fixées de gré à gré (64, *ibid.*). Cette faculté de rachat est commune aux bois indivis entre les particuliers et le gouvernement, qui seul peut l'exercer dans tous les cas (113).

Pour parvenir à ce rachat, le conservateur en fait la proposition au directeur général, qui la soumet au ministre des finances, et celui-ci prescrit au préfet, s'il y a lieu, de procéder aux opérations préliminaires du cantonnement. A cet effet un agent forestier, désigné par le conservateur; un second expert choisi par le directeur des domaines, et un troisième, nommé par le préfet, estiment :

1° D'après les titres des usagers, les droits d'usage en bois, en indiquant, par une somme fixe en argent, la valeur représentative de ces divers droits, tant en bois de chauffage qu'en bois de construction;

2° Les parties de bois à abandonner pour le cantonnement, dont ils font connaître l'assiette, l'abornement, la contenance, l'essence dominante, et l'évaluation en fonds et en superficie, en distinguant le taillis de la futaie et en mentionnant les claires-voies s'il y en a.

3° Les procès-verbaux indiquent en outre les routes, rivières ou canaux qui servent aux débouchés, et les villes ou usines à la consommation desquelles les bois sont employés.

La proposition de cantonnement, ainsi fixée provisoirement, est signifiée par le préfet à l'usager (113, *Ordonn.*),

Si l'usager donne son consentement à cette proposition, il est passé entre le préfet et lui, sous la forme administrative, acte de l'engagement pris par l'usager d'accepter sans nulle contestation, le cantonnement tel qu'il lui a été proposé, sauf l'homologation du roi. Cet acte, avec toutes les pièces à l'appui, est transmis par le préfet au ministre des finances, qui, après avoir pris l'avis des directions générales des domaines et des forêts, soumet le projet de cantonnement à l'homologation du roi (114, *Ordonn.*).

Si l'usager refuse de consentir au cantonnement qui lui est proposé et élève des réclamations, soit sur l'évaluation de ses droits d'usage, soit sur l'assiette et la valeur du cantonnement, le préfet en réfèrera au ministre des finances, lequel lui prescrira, s'il y a lieu, d'intenter action contre l'usager devant les tribunaux, conformément à l'article 63 du Code forestier (110, *ibid.*). *Voyez* RACHAT, USAGERS.

CANTONS. Quartiers, portions désignées d'un bois ou d'une forêt. On les distingue en cantons défensables et non défensables. *Voyez* BOIS DÉFENSABLES.

CAUTION. Personne qui s'oblige et promet de payer ou de remplir les engagements d'un adjudicataire. Les contestations sur la validité des cautions proposées sont jugées sur-le-champ par le fonctionnaire qui préside à l'adjudication (20, *Cod.*). Le défaut de fournir les cautions exigées par le cahier des charges, emporte déchéance de l'adjudication (24, *ibid.*).

Les cautions, comme les adjudicataires, sont responsables et contraignables par corps au paiement des amendes et restitutions encourues pour délits et contraventions commis dans la vente, ou à l'ouïe de la cognée par les gardes-ventes et ouvriers employés par l'adjudicataire (46, *ibid.*). *Voyez*, pour complément, SAISIE DES BOIS DE DÉLIT, ADJUDICATAIRE.

CESSIONNAIRE. Celui qui a cédé son droit ou son adjudication. Il est tenu d'assister au récolement des coupes ou ventes. (48, *ibid.*). *Voyez* ADJUDICATAIRE.

CHABLIS ou CHABLES. Arbres de haute futaie abattus, renversés, brisés ou arrachés par le vent ou tombés de vieillesse. Ils sont cependant marqués du marteau de l'agent forestier (7, *Cod.*). Les gardes en constatent le nombre, l'essence et la grosseur par des procès-verbaux qu'ils remettent dans les dix jours à leur chef immédiat qui en fait ou fait faire la reconnaissance et la marque (101, *Ordonn.*). Quiconque enlèvera les chablis sera condamné aux mêmes amendes et restitutions que s'il les avait abattus sur pied (197, *Cod.*). *Voyez* ENLÈVEMENT.

CHARGE DE BÊTE DE SOMME. Est le fardeau qu'elle porte ou peut porter. La charge d'un mulet était fixée, par les anciennes ordonnances, à quatre quintaux (200 kilogramm.). L'amende par charge de bois volés, qui n'ont pas deux décimètres de tour, est de 5 fr. (194, *Cod.*)

CHARGE D'HOMME. Est ordinairement un fagot de branches ou de copeaux qui se porte sur le dos ou sur les épaules, ou sur la tête. L'amende par charge semblable de bois enlevé, est de deux à six francs (144, 194, *ibid.*).

CHARME. Est un arbre dont on fait des allées, berceaux et palissades. C'est un bois dur, compacte, mais blanc et de la seconde classe des arbres (192, *Cod.*).

CHATAIGNIER. Arbre blanc, peu dur, qui produit la châtaigne. Il est de la première classe des arbres (192, *ibid.*).

CHEMIN D'EXPLOITATION. Celui qui est désigné pour transporter les bois des adjudicataires. *Voyez* TRAITE DES BOIS.

CHEMIN DU PATURAGE. Les chemins par lesquels les bestiaux devront passer pour aller, dans les bois de l'état, au pâturage et au panage et pour en revenir, sont désignés par les agents forestiers (71, *ibid.*). *Voyez*, pour complément, BESTIAUX. Mais dans les bois des particuliers assujettis au pâturage ou au panage, les chemins sont désignés par les propriétaires (119, § 2, *ibid.*).

CHEMIN DE VIDANGE. Celui qui est reconnu ou désigné pour le transport de la vidange des coupes : il est, ou peut être le même que le chemin d'exploitation. Les adjudicataires sont tenus de le réparer, et il en est fait ordinairement la condition par le cahier des charges (40, 41, *ibid.*). *Voyez* ADJUDICATAIRE.

CHÊNE. Bel arbre de première classe ; on peut même

dire le premier, le plus dur, le plus grand, le plus majes-
tueux des arbres. Il croît jusqu'à cent ans, et dure jusqu'à six siècles sans dégénérer, sauf les accidents ou les vices.
Il est d'une utilité générale (192, *ibid.*).

CHÈVRE. Animal quadrupède, femelle du bouc, qui
passe pour être malsain et dont la salive brûlante est perni-
cieuse aux arbres qu'il broute. Il est défendu à tous usagers,
nonobstant tous titres et possessions contraires, de conduire
ou faire conduire des chèvres dans les forêts et bois, à peine,
contre les propriétaires, d'une amende double de celle qui est
prononcée pour les contraventions ordinaires. *Voyez* CONTRA-
VENTION.

L'amende contre les pâtres, indépendamment de celle
contre les propriétaires, est élevée à 15 fr., et en cas de récidive, les premiers sont passibles d'un emprisonnement de
cinq à quinze jours (78, *ibid.*). Dans aucun cas et sous
aucun prétexte, les habitants des communes usagères et les
employés ou les administrateurs d'établissements publics ne
peuvent introduire ni faire introduire dans les bois appartenants à ces communes ou établissements publics, aucune
chèvre, sous les peines ci-devant exprimées (111, *Cod.*).

CIRCONFÉRENCE. Tour ou contour d'un corps, d'un
arbre. En d'autres termes, ligne courbe qui présente un
cercle ou espace circulaire. On ne soumet au martelage de
la marine que les arbres dont la circonférence mesurée à un
mètre du sol, est de quinze décimètres au moins (124, 192).

CIRCONSCRIPTION. En géométrie, action de circons-
crire un cercle à un polygone, ou un polygone à un cercle.
En d'autres termes, action de mettre des limites pour former
un arrondissement. Se dit quelquefois de l'arrondissement
lui-même. Les changements dans la circonscription des arrondissements forestiers sont délibérés au conseil d'administration et soumis au ministre des finances (7, *Ordonn.*).

CITATION. Acte d'huissier (synonyme d'exploit ou d'a-
journement) par lequel on appelle un prévenu devant le
juge compétent pour être condamné à la réparation du délit
ou de la contravention. L'acte de citation doit, à peine de
nullité, contenir copie du procès-verbal et de l'acte d'affirmation (172, *ibid.*). Les gardes de l'administration forestière
peuvent dans les actions et poursuites exercées en son nom,
faire les citations et significations (173).

CLAIRES-VOIES ou CLAIRIÈRES sont des endroits dans
les forêts qui sont dégarnis de bois, où les bêtes se réfu-

gient ordinairement. *Voyez* ÉCLAIRCIE, VIDES ET CLAIRIÈRES.

CLOTURE. *Voyez* ENCEINTE.

COGNÉE. Instrument de fer, acéré, plat et tranchant, assez ressemblant à la hache. Les cognées et autres instruments dont les délinquants et leurs complices sont trouvés munis sont confisqués (198, *ibid.*).

COMMANDEMENT. Acte extrajudiciaire contenant sommation faite au condamné, par un huissier, au nom du roi et de justice, de satisfaire à une ou plusieurs condamnations prononcées par le jugement dont on donne copie en tête de l'acte (211, *ibid.*). *Voyez* JUGEMENT, SIGNIFICATION.

COMMUNES. Paroisses ou communautés d'habitants qui sont domiciliés dans un même lieu. *Voyez* BOIS DES COMMUNES et l'article suivant.

COMMUNES USAGÈRES. Ce sont celles qui jouissent des droits d'usage dans les forêts de l'État, de la couronne, des apanagistes ou autres, soit en nature de bois, soit en pâturages, panage, glandée, etc. L'exercice du droit d'usage peut être réduit par l'administration, suivant l'état et la possibilité des forêts, lorsqu'elles n'en seront pas affranchies par un cantonnement ou par une indemnité. S'il y a contestation sur l'état et la possibilité des forêts, il y aura lieu de recourir au conseil de préfecture (65, *Cod.*). Pour connaître le mode des réductions, et pour compléter cet article, *voyez* AFFRANCHISSEMENT, CANTONNEMENT, GARDES DES COMMUNES, DÉFRICHEMENT, GLANDÉE, PANAGE, PATURAGE, USAGER, CHEMIN, TROUPEAU COMMUN, BESTIAUX, PORCS, CHÈVRES.

Les communes et sections de communes usagères sont responsables des condamnations pécuniaires prononcées contre leurs pâtres ou gardiens, pour les délits et les contraventions commis par eux pendant le temps de leur service, et dans les limites du parcours (72, *ibid.*).

COMPÉTENCE. *Voyez* TRIBUNAUX CORRECTIONNELS, POURSUITES, EXCEPTIONS PRÉJUDICIELLES.

CONCESSION. Est un don ou abandon qui a été fait par le roi, à titre gratuit ou onéreux, à des particuliers, ou à des communes ou établissements publics, d'une portion dans les bois ou forêts royales, ou de droits d'usage, pâturage, paisson, glandée, etc. (58, *Code forest.*). A l'avenir, il ne sera fait aucune concession, soit pour le service des usines, soit à des communes et à des particuliers, contrairement aux prohibitions établies par les lois (58, 59, 60, *ibid.*). *Voyez* AFFECTATIONS. Il ne sera pas même fait de concession de droit d'u-

sage, de quelque nature et sous quelque prétexte que ce
puisse être (62). Néanmoins, *voyez* REPEUPLEMENT.

CONCESSIONNAIRE. Est celui qui a obtenu la concession. *Voyez* AFFECTATION.

CONDAMNATION. Jugement qui condamne, ou action
de condamner. Les jugements contenant des condamnations
en faveur des particuliers, pour réparations des délits et contraventions commis dans leurs bois, sont signifiés et exécutés
à leur diligence, dans les mêmes formes et voies de contraintes que les jugements rendus à la requête de l'administration forestière. Le recouvrement des amendes prononcées
par les mêmes jugements, se fait par les receveurs de l'enregistrement. Cependant les propriétaires, conformément au
Code de procédure, consignent des aliments pour les condamnés qu'ils font détenir (215, 216, *ibid.*). *Voy.* MISE EN LIBERTÉ.

CONDAMNÉS. Ceux qui ont subi une condamnation définitive et légale. Les condamnés pour contraventions et délits
dans les bois de l'État, des communes et des établissements
publics, qui justifient de leur insolvabilité suivant ce qui est
prescrit par l'article 420 du Code d'instruction criminelle,
sont détenus seulement quinze jours, lorsque l'amende et les
autres condamnations n'excèdent pas 15 francs; mais la détention dure un mois, quand les condamnations s'élèvent de
15 à 50 francs, et deux mois, quelle que soit la valeur de ces
condamnations. Néanmoins, en cas de récidive, le temps de la
détention est double (213, *ibid.*).

Les condamnés insolvables qui invoquent les dispositions
ci-dessus, présentent leur requête, à laquelle sont jointes les
pièces justificatives prescrites par l'article 420 du Code d'instruction criminelle, aux procureurs du roi, qui ordonnent,
s'il y a lieu, que les condamnés soient mis en liberté à l'expiration des délais qui viennent d'être énoncés (191, *Ordonn.*).

CONFISCATION. Action de confisquer, adjudication au
fisc, ou au gouvernement, de certains objets ou instruments
qui ont servi ou concouru à commettre des délits ou contraventions. La confiscation des biens des condamnés, si
odieuse et si fréquente autrefois, est abolie par l'article 66
de la charte constitutionnelle.

Les confiscations qui restent permises appartiennent toujours à l'État, le propriétaire lésé n'a droit qu'aux restitutions et dommages-intérêts (204, *Cod.*). Les bois destinés
aux usagers ne peuvent être abattus par eux individuellement,
et les lots ne peuvent en être faits qu'après l'entière exploi-

tation de la coupe, à peine de confiscation de la portion de bois abattu, afférente à chacun des contrevenants. Les fonctionnaires ou agents qui auraient permis ou toléré la contravention seront passibles d'une amende de 5o francs, et seront en outre responsables de la mauvaise exploitation qui aurait pu avoir lieu (81, *Cod.*).

CONSEIL D'ADMINISTRATION FORESTIÈRE. Ce conseil, formé par les administrateurs et présidé par le directeur général, délibère sur tous les objets de haute administration forestière (7, *ibid.*; 6,7, *Ord.*). *Voy.* ADMINISTRATEURS, ADMINISTRATION.

CONSEIL D'ÉTAT. Autorité supérieure mixte, qui connaît à la fois des matières de la compétence judiciaire, et de celles qui sont dans les attributions administratives. C'est sur les avis de ce conseil que le roi rend ses ordonnances dans les matières contentieuses et d'administration publique; c'est à lui aussi que l'on a recours contre les décisions des conseils de préfecture (64, *Cod.*).

CONSEIL DE PRÉFECTURE. Autorité administrative qui délibère et juge, sauf le recours au conseil d'État, des différentes matières qui lui sont attribuées. Ce conseil décide sur les contestations relatives aux surenchères des ventes de bois (26, *ibid.*); sur la validité ou annulation pour défaut de forme ou fausse énonciation du procès-verbal de réarpentage (5o); sur les difficultés relatives aux bois défensables (67); aux changements demandés de l'aménagement, ou de l'exploitation des bois des communes et des établissements publics (9o); enfin sur les réclamations qui ont lieu pour les travaux d'extraction et les évaluations d'indemnité (175, *Ord.*)

CONSEILS MUNICIPAUX. Ils se composent de plusieurs habitants notables, désignés par le préfet, sur la présentation du maire; ils donnent de simples avis sur l'utilité et la convenance de soumettre au régime forestier les bois des communes; sur les changements dans les exploitations ou l'aménagement; sur la conversion en bois des terrains communaux ou le règlement des pâturages, etc. (9o, 91, *ibid.*).

CONSERVATEURS. Agents supérieurs de l'administration forestière, qui sont sous ses ordres, nommés par le roi (11, *Ordonn.*). Ils correspondent directement avec la direction générale et avec les autorités supérieures des départements; ils peuvent, en cas d'urgence, suspendre provisoirement de leurs fonctions les gardes généraux et les préposés sous leurs ordres, mais à la charge d'en rendre compte directement au directeur général.

Les conservateurs dressent les états de frais de délimitation et de bornage par articles séparés ; ils adressent, chaque année, au directeur général, les états des coupes à asseoir., suivant l'usage ou l'ordre des aménagements ; ils en font de même pour les coupes extraordinaires, et dressent un procès-verbal qui énonce les motifs de la coupe proposée, l'état, l'âge, la consistance et la nature des arbres qui la composent, le nombre d'arbres de réserve qu'elle peut comporter et les travaux à exécuter dans l'intérêt du sol forestier. Les conservateurs proposent, au directeur général, les affranchissements qu'il peut y avoir lieu de faire des droits d'usage en bois et autres, dans les forêts de l'État. Enfin ces officiers exécutent tous les ordres qui leur sont donnés par l'administration et le directeur général (11, 15, 18, 38, 66, 73, 112, *Ordonn.*).

CONSERVATIONS forestières. Ce sont de grands arrondissements, qui forment une division territoriale de la France ; elles sont subdivisées en inspections et sous-inspections dont le nombre et les circonscriptions sont fixés par le ministre des finances. En voici le tableau, tel qu'il est annexé à l'ordonnance d'exécution du Code forestier, donnée le 1er août 1827.

NUMÉROS ET CHEFS-LIEUX des conservations.	DÉPARTEMENTS.	NUMÉROS ET CHEFS-LIEUX des conservations.	DÉPARTEMENTS.
1re Paris.	Eure-et-Loir. Loiret. Oise. Seine. Seine-et-Marne. Seine-et-Oise.	12e Toulouse.	Arriège. Aude. Haute-Garonne. Pyrénées-Orientales. Tarn. Tarn-et-Garonne.
2e Troyes.	Aube. Haute-Marne. Yonne.	13e Grenoble.	Ain. Hautes-Alpes. Drôme. Isère. Loire. Rhône.
3e Rouen.	Calvados. Eure. Manche. Seine-Inférieure.		
4e Douay.	Aisne. Nord. Pas-de-Calais. Somme.	14e Rennes.	Côtes-du-Nord. Finistère. Ille-et-Vilaine. Loire-Inférieure. Morbihan.
5e Châlons.	Ardennes. Marne. Meuse.	15e Clermont.	Cantal. Corrèze. Creuse. Haute-Loire. Puy-de-Dôme. Haute-Vienne.
6e Nancy.	Meurthe. Moselle. Vosges.		
7e Colmar.	Doubs. Bas-Rhin. Haut-Rhin.	16e Bordeaux.	Dordogne. Gironde. Lot. Lot-et-Garonne.
8e Dijon.	Côte-d'Or. Jura. Haute-Saône. Saône-et-Loire.	17e Pau.	Gers. Landes. Basses-Pyrénées. Hautes-Pyrénées.
9e Bourges.	Allier. Cher. Indre. Nièvre.	18e Nismes.	Ardèche. Aveyron. Gard. Hérault. Lozère.
10e Niort.	Charente. Charente-Inférieure. Deux-Sèvres. Vendée. Vienne.	19e Aix.	Basses-Alpes. Bouche-du-Rhônes. Var. Vaucluse.
11e Le Mans.	Indre-et-Loire. Loir-et-Cher. Maine-et-Loire. Mayenne. Orne. Sarthe.	20e Bastia.	Ile de Corse.

Voyez CONSERVATEURS, INSPECTIONS, SOUS-INSPECTIONS, INSPECTEURS, SOUS-INSPECTEURS.

CONSIGNATION d'aliments. Déposer, payer, avancer la somme nécessaire pour les aliments d'un débiteur détenu en vertu d'une contrainte par corps. *Voyez* CONDAMNATION, MISE EN LIBERTÉ.

CONSTRUCTION. Réunion de corps différents ou de matériaux pour en former un édifice. Autrement : disposition, arrangement des différentes parties d'un bâtiment.

On réserve en faveur des communes et des établissements publics, les bois de construction dont ils ont besoin et dont ils font connaître la quotité à l'agent forestier local (102, *Cod.* ; 141, *Ordonn.*). Les particuliers qui, pour leurs constructions, veulent faire abattre des arbres sujets à déclaration, ne peuvent procéder à l'abatage, qu'après avoir fait préalablement constater leurs besoins par le maire de la commune ; et en cas qu'il serait fait, des arbres abattus, une autre destination que celle désignée au procès-verbal, il y aura lieu à une amende de 18 fr. par mètre de tour de chaque arbre (131, *ibid.*).

Les constructions à proximité des forêts sont soumises au conseil d'administration avant d'être autorisées. Aucune délivrance de bois de construction n'est faite aux usagers que sur la présentation de devis dressés par des gens de l'art pour en constater les besoins. Ces devis sont remis chaque année, avant le 1er février, à l'agent forestier local (123, *Ordonn.*). *Voyez* DÉCLARATION.

CONSTRUCTIONS navales. Ce sont des vaisseaux, frégates et autres bâtiments du roi ou du commerce. *Voyez* DÉPARTEMENT DE LA MARINE.

CONTRAVENTION. Action de contrevenir aux dispositions des lois de police et pénales, ou action frauduleuse dommageable à autrui. Les coupes ou enlèvement de bois par malice, vol, fraude, sont des contraventions forestières. Il en est de même de l'introduction des bestiaux, porcs et autres animaux, sans aucun droit, dans les bois et forêts de l'État, de la couronne, des apanages, des communes et autres soumis au régime forestier.

Les contraventions prévues ou établies par le Code forestier sont nombreuses et punies, soit d'une amende, soit d'un emprisonnement. Chacune de ces contraventions, et les peines qui lui sont infligées, se trouvent à l'article qui la concerne ; mais nous devons donner ici le tarif des amendes relatives aux pâturages ou divagations indûment faits.

Les propriétaires d'animaux trouvés de jour en contravention, ou en délit, dans les bois de dix ans et au-dessus, sont passibles d'une amende de 1 fr. pour un cochon; de 2 fr. pour une bête à laine; de 3 fr. pour un cheval ou autre bête de somme; de 4 fr. pour une chèvre; de 5 fr. pour un bœuf, une vache ou un veau. L'amende est double si les bois ont moins de dix ans, sans préjudice des dommages-intérêts, s'il y a lieu (199, *Cod.*). *Voyez*, pour connaître par un seul coup d'œil presque tous les articles où sont exprimées des contraventions, le mot AMENDE, avec ceux auxquels il renvoie, qui sont nombreux. *Voyez* aussi ENLÈVEMENT D'ARBRES, FORÊTS, DÉLIT, RÉCIDIVE.

CONTRAIGNABLES. Ceux qui peuvent être contraints, tels que les adjudicataires et leurs cautions (46, 48). *Voyez* ces mots et CONTRAINTE PAR CORPS.

CONTRAINTE PAR CORPS. Se dit à la fois du droit ou du titre qui autorise à faire emprisonner un débiteur, et de l'emprisonnement lui-même.

Les jugements portant condamnation à des amendes, restitutions, dommages-intérêts et frais, sont exécutoires par la voie de contrainte par corps, et l'exécution peut en être poursuivie cinq jours après un simple commandement fait aux condamnés. En conséquence, et sur la demande du receveur de l'enregistrement, le procureur du roi adresse les réquisitions nécessaires aux agents de la force publique chargés de l'exécution des mandements de justice.

La contrainte par corps est subie par les condamnés jusqu'à ce qu'ils aient payé le montant des condamnations, ou fourni une caution admise par le receveur des domaines, ou, en cas de contestation, reçue par le tribunal de l'arrondissement (211, 212, *ibid.*). Cependant *voyez* CONDAMNÉS et INSOLVABLES. La contrainte est indépendante de l'emprisonnement prononcé contre les délinquants (214).

CONTRAVENTION A L'OUÏE DE LA COGNÉE. On appelle ouïe de la cognée certain espace dans lequel on entend le son ou le bruit des coups frappés sur les arbres, avec une cognée; bruit qui donne le moyen de découvrir ceux qui coupent du bois en délit et de les prendre sur le fait (46, *ibid.*).

CONTRAVENTIONS DANS LA VENTE. Ce sont celles commises dans l'étendue de la coupe adjugée, par les ouvriers de l'adjudicataire, dans le temps de l'exploitation jusqu'à la vidange de la coupe. Ce dernier en est responsable (46, *Cod.*).

CORMIER. Arbre fruitier très dur, de la première classe des arbres (192).

COUPES ORDINAIRES. Sont celles qui ont lieu suivant l'ordre et l'aménagement des forêts. Elles sont vendues par adjudication, après avoir été autorisées par le ministre des finances. Les coupes ordinaires, dans les bois des communes et des établissements publics, sont principalement affectées au paiement des frais de garde de la contribution foncière et des sommes qui reviennent au trésor pour indemnité de son administration. Si les coupes sont délivrées en nature pour l'affouage, il en est vendu aux enchères une portion suffisante pour le paiement des charges ci-dessus (109, *Cod.*).

Lorsque les coupes ordinaires et extraordinaires ont été autorisées, les conservateurs désignent ou font désigner par les agents forestiers les arbres d'assiette, et font procéder aux arpentages (74, *ibid.*). Les arpenteurs ne peuvent, sous peine de révocation et sans préjudice de toutes poursuites en dommages-intérêts, donner aux laies et tranchées qu'ils ouvrent pour le mesurage des coupes plus d'un mètre de largeur (75, *ibid.*).

Les coupes sont délimitées par des pieds-cormiers ou parois; lorsqu'il ne se trouve pas d'arbres sur les angles, les arpenteurs y suppléent par des piquets, et ils empruntent au dehors et au dedans de la coupe les arbres les plus apparents et les plus propres à servir de témoins. L'arpenteur est tenu de faire usage au moins de l'un des pieds-cormiers de la précédente vente.

Tous les arbres de limites sont marqués au pied, le plus près de terre qu'il est possible, du marteau de l'arpenteur, savoir les pieds-cormiers sur deux faces, l'une dans la direction de la ligne qui est à droite, et l'autre dans celle de la ligne qui est à gauche, et les parois sur une seule face du côté et en regard de la coupe (76). L'estimation des coupes est faite par un procès-verbal qui est adressé dans la huitaine au conservateur (81). *Voyez*, pour complément, PROCÈS-VERBAUX D'ARPENTAGE, DE BALIVAGE, D'ESTIMATION ET D'ADJUDICATION; CAHIER DES CHARGES, AFFICHES, ADJUDICATIONS, BOIS DES COMMUNES ET DES ÉTABLISSEMENTS PUBLICS, ENCHÈRES, CONSERVATEURS, PRÉFETS, BOIS FAÇONNÉS, ÉCLAIRCIE.

Lorsque, faute d'offres suffisantes, l'adjudication des coupes ordinaires n'a pu avoir lieu, elle est remise, séance tenante, au jour indiqué par le président, sur la proposition de l'agent forestier. Au surplus le directeur général peut autoriser le renvoi de l'adjudication à l'année suivante et même ordonner, avec l'approbation du ministre des finances, que l'exploitation des coupes et la vente des bois soient faites comme celles des bois à couper par éclaircie (89, *ibid.*).

COUPES EXTRAORDINAIRES. Ce sont celles qui intervertissent l'ordre établi par l'aménagement, ou l'usage observé dans les forêts dont l'aménagement n'est pas encore réglé. Ce sont celles encore qui se font par anticipation, ou qui se composent de bois ou portion de bois mis en réserve pour croître en futaie. De telles coupes ne peuvent avoir lieu qu'en vertu d'une ordonnance du roi, qui est délibérée dans le conseil d'administration et insérée au *Bulletin des Lois*. A défaut de cette ordonnance les ventes de coupes extraordinaires sont nulles, sauf le recours des adjudicataires, s'il y a lieu, contre les fonctionnaires ou agents qui les auraient ordonnées ou autorisées (16, *Ordonn.*). Le produit des coupes extraordinaires, dans les bois des communes et des établissements publics, est spécialement affecté aux frais et indemnités qui reviennent au trésor pour ses frais d'administration et autres. *Voyez* BOIS INDIVIS, VENTES.

COUPES DE QUARTS. *Voyez* QUARTS DE RÉSERVE.

COUPES ET ENLÈVEMENT D'ARBRES. *Voyez* ENLÈVEMENT FRAUDULEUX.

COUPES EN JARDINAMENT. Ce sont celles qui se font par pieds d'arbres, lesquels, avant d'être abattus, sont marqués au corps et à la racine, du marteau royal (80, *ibid.*).

COURS D'ENSEIGNEMENT FORESTIER. Est celui que font, dans l'école royale, les aspirants aux places d'élèves. Ce cours est de deux années, dont chacune commence le 1er novembre et finit le 1er septembre. Un professeur d'économie forestière, de législation et de jurisprudence est attaché à ce cours (42, *Ordonn.*).

CULTURE FORESTIÈRE. Est celle des plants d'arbres qui peuplent les bois et forêts. Un terrain convenable à établir une pépinière de ces plants est affecté à l'école royale (43).

D.

DÉBET. Reliquat d'un compte, somme due par la reddition d'un compte, ou par la suspension d'une perception. Les procès-verbaux des agents et gardes forestiers sont enregistrés en débet, lorsque les contraventions intéressent l'État, la couronne, les communes ou établissements publics (170).

DÉCHARGE d'exploitation. C'est un acte délivré par le préfet à l'adjudicataire, qui déclare celui-ci libéré de ses engagements. Cet acte n'est donné qu'un mois après le réarpentage et le récolement des coupes exploitées, si l'administration n'élève aucune contestation (51, *ibid.*). Il ne peut être donné par le préfet, qu'après avoir pris l'avis du conservateur.

DÉCIME (droit de). Il se percevait au profit des agents de l'administration forestière, sur le prix des coupes vendues dans les bois des communes, mais il est supprimé (107, § 3).

DÉCLARATION d'abatage. Est celle que tout propriétaire d'arbres futaies, en essence de chêne, est obligé de faire, six mois avant qu'il puisse couper ses arbres, à peine d'une amende de 18 fr. par mètre de tour pour chaque arbre non déclaré. Les arbres qui sont dans les lieux clos attenant aux habitations, ne sont pas assujettis à déclaration.

Si, dans les six mois, à compter du jour de l'enregistrement de cette déclaration à la sous-préfecture, la marine n'a pas fait marquer pour son service les arbres déclarés, les particuliers peuvent en disposer. La déclaration d'abatage ne dure qu'une année; après ce terme, si les arbres n'ont pas été abattus, il en est fait une nouvelle.

Celui qui, hors les cas d'urgence, effectue la coupe de ses bois taillis, ou autres, dans les îles sur les rives et à une distance de cinq kilomètres du fleuve du Rhin, sans en avoir fait la déclaration, est condamné à une amende d'un franc par arc de bois exploité.

La déclaration d'abatage des arbres et bois se fait à la sous-préfecture des lieux, en double minute, dont l'une, visée par le sous-préfet, est remise au déclarant; elle contient le canton, l'arrondissement et la commune de la situation des bois, les noms et demeures des propriétaires, le nom du bois et sa contenance, la situation et l'étendue du terrain sur lequel sont les arbres, le nombre, leur espèce et leur grosseur approximative (125, 130, 138, *Cod.* ; 154, *Ordonn.*).

DÉCLARATION de command. Est celle qui fait connaître les nom, qualités et demeure de celui pour lequel on a acheté en command. Cette déclaration se fait au moment de l'adjudication même, sinon elle n'est pas admise (23, *ibid.*).

DÉCLARATION de surenchère. *Voyez* Surenchère.

DÉFENSABLES. *Voyez* Bois défensables.

DÉFICIT. *Voyez* Abatage.

DÉFRICHEMENT. Action d'arracher les bois et de mettre en culture ou pâturage le sol où ces bois existaient.

Pendant vingt ans à compter de la publication du Code forestier, aucun particulier ne peut faire défricher ses bois sans en avoir fait la déclaration à la sous-préfecture, six mois d'avance. Si l'administration forestière s'y oppose, le préfet en décide, sauf le recours au ministre des finances. A défaut de déclaration, le propriétaire est condamné à une amende de 500 à 1500 francs calculée par hectare de bois défriché, et à rétablir les lieux en nature de bois. Sont exceptés de cette disposition les jeunes bois âgés de moins de vingt ans, les parcs, ou jardins clos tenant aux habitations, les bois non clos qui ont moins de quatre hectares d'étendue, lorsqu'ils ne sont pas situés sur le sommet d'une montagne (219 à 223, *Cod.*). Les actions pour contraventions aux défrichements se prescrivent par deux ans (224, *ibid.*).

On doit indiquer, dans les déclarations de défrichement, le nom, la situation et l'étendue des bois. L'agent forestier local procède ensuite à la reconnaissance de l'état et de la situation des bois, et il en dresse un procès-verbal, auquel il joint un rapport détaillé indiquant les motifs d'intérêt public qui peuvent influer sur la détermination à prendre à cet égard. Sur le vu de cet acte, le conservateur, s'il estime que le bois ne doit pas être défriché, fait signifier son opposition au propriétaire, et il en réfère au préfet en lui transmettant les pièces. Ce magistrat statue dans le délai d'un mois, par un arrêté qu'il fait signifier dans la huitaine, à l'agent forestier supérieur de l'arrondissement et au propriétaire du bois. Cet arrêté est ensuite soumis à la décision définitive du ministre des finances, qui prononce dans les six mois, à dater du jour de l'opposition (192, 195, *Ordonn.*).

DÉGAT. Perte, dommage occasioné par suite d'un délit ou d'une contravention. *Voyez* ces mots.

DÉLAI DE COUPE. Est celui qui est accordé à l'adjudicataire; il ne peut être prorogé que par la direction générale (96, *ibid.*), à la charge d'une indemnité pour les bois des communes et des établissements publics (138, *ibid.*).

DÉLAI DE VIDANGE. *Voyez* VIDANGE DES VENTES.

DÉLIMITATION GÉNÉRALE. Est celle qui trace ou établit les limites d'une forêt entière, ou de tout un bois. Lorsqu'il y a lieu d'opérer la délimitation générale et le bornage d'une forêt de l'État, ou autre soumise au régime forestier, cette opération est annoncée deux mois d'avance par un arrêté du préfet, qui est publié et affiché dans les communes limitrophes, et signifié au domicile des propriétaires riverains ou à celui de leurs fermiers, gardes ou agents. Après ce délai, les agents forestiers procèdent à la délimitation, en présence ou en absence des propriétaires limitrophes. Le procès-verbal est déposé au secrétariat de la préfecture, et par extrait à ceux des sous-préfectures; il est donné avis de ce dépôt par un arrêté du préfet, publié et affiché. Les intéressés pourront en prendre connaissance et former leur opposition dans le délai d'une année à partir de la publication.

Dans le même délai, le gouvernement approuve ou refuse d'homologuer le procès-verbal, et sa décision est rendue publique. Si, à l'expiration de ce délai, il n'y a pas de réclamation des particuliers, et si le gouvernement n'a pas déclaré son refus d'homologuer, l'opération est définitive; mais s'il y a des oppositions, il y sera statué par les tribunaux compétents, sur la réclamation des parties intéressées.

Lorsque la délimitation se fait par un simple bornage, elle a lieu à frais communs; mais si elle se fait par des fossés de clôture, ils sont exécutés aux frais de la partie requérante, et pris en entier sur son terrain (10 à 14, *Cod.*).

A ces différentes dispositions l'Ordonnance ajoute ce qui suit : Lorsqu'il s'agira d'effectuer la délimitation générale d'une forêt, le préfet nomme les agents forestiers et les experts qui doivent procéder dans l'intérêt de l'État, et il indique le jour fixé pour le commencement des opérations, et le point de départ (59). Les maires des communes où doit être affiché l'arrêté destiné à annoncer la délimitation générale, adressent au préfet des certificats que cet arrêté a été publié et affiché dans les communes (60). Le procès-verbal de délimitation est rédigé par les experts; il est divisé en autant d'articles qu'il y a de propriétaires riverains, et chacun de ces articles est clos séparément et signé par les parties intéressées. Si les propriétaires riverains ne peuvent signer ou refusent de le faire, ou s'ils ne se présentent ni en personnes ni par fondés de pouvoirs, il en est fait mention. En cas de difficultés sur la fixation des limites, les réquisitions, dires et observations contradictoires sont consignés au procès-verbal.

Toutes les fois que les lignes de pourtour d'une forêt doivent être rectifiées de manière à déterminer l'abandon d'une portion du sol forestier, le procès-verbal doit énoncer les motifs de cette rectification, lors même qu'il n'y a pas de contestation entre les experts (61). Dans le délai d'une année, le ministre des finances rend compte au roi des motifs qui peuvent déterminer l'approbation ou le refus d'homologation du procès-verbal de délimitation (62). Les intéressés peuvent requérir des extraits dûment certifiés de ce procès-verbal en ce qui concerne leur propriété, en payant 75 centimes par rôle d'écriture (63).

Les réclamations que les propriétaires peuvent former, soit pendant les opérations, soit pendant un an, sont adressées au préfet, qui les communique au conservateur des forêts et au directeur des domaines, pour avoir leurs observations (64). Les maires justifient, par des certificats, de la publication de l'arrêté pris par le préfet, pour faire connaître la résolution du roi relativement au procès-verbal de délimitation (65). *Voyez*, pour complément, Bois DES COMMUNES ET DES ÉTABLISSEMENTS PUBLICS, BORNAGES ET FRAIS.

DÉLIMITATION PARTIELLE. Est celle qui établit les limites entre une propriété particulière et les forêts de l'État, de la couronne, des communes, etc.

Les demandes en délimitations partielles sont poursuivies dans les formes ordinaires, et si les parties sont d'accord, les experts qui opèrent dans l'intérêt de l'État, s'il en est besoin, sont nommés par le préfet, après avoir pris l'avis du conservateur des forêts et du directeur des domaines (58, *ibid.*).

DÉLINQUANT. Est celui qui commet le délit; il doit être nommé dans le procès-verbal dressé contre lui. *Voyez* PROCÈS-VERBAL DE DÉLIT.

DÉLIT. Infraction aux lois punie correctionnellement; il est souvent le synonyme de crime. En d'autres termes, c'est la violation d'un droit, une fraude, un vol ou dommage commis au préjudice d'autrui.

Les délits sont constatés par les agents et gardes forestiers, et par les agents de la marine dans les bois et forêts de l'État, de la couronne, des communes, des établissements publics, etc. *Voyez* AGENTS FORESTIERS, GARDES FORESTIERS, ADJUDICATAIRES, CONTRAVENTIONS, ENLÈVEMENT FRAUDULEUX, EMPRISONNEMENT, POURSUITES, PREUVE, PROCÈS-VERBAL DE DÉLITS ET CONTRAVENTIONS.

DÉLIVRANCE. Action de livrer, de délivrer. En d'autres termes, livraison d'une chose, d'une portion de bois. Lorsque des délivrances, en vertu d'affectations à titre particulier, devront être faites par coupes ou par pieds d'arbres, les ayans droit ne pourront en affecter l'exploitation qu'après

que la désignation et la délivrance leur en auront été faites
régulièrement et par écrit par l'agent forestier chef de service.

Les opérations d'arpentage, de balivage et de martelage,
ainsi que les réarpentages et les récolements, sont effectués
par les agents forestiers lors de ces délivrances, de la même
manière que pour les coupes des bois de l'État et avec les
mêmes réserves. Les possesseurs d'affectations se conforment,
pour l'exploitation des bois dont la délivrance leur est faite,
à tout ce qui est prescrit aux adjudicataires des bois de l'État
pour l'usance et la vidange des coupes (109, *Ordonn.*).

Lorsque les délivrances sont faites par stères, elles sont
imposées comme charges aux adjudicataires des coupes, et
les possesseurs d'adjudications ne peuvent enlever les bois
auxquels ils ont droit, qu'après que le comptage en a été fait
contradictoirement entre eux et l'adjudicataire, en présence
de l'agent forestier local (110).

Aucune délivrance de bois pour constructions ou réparations n'est faite aux usagers, que sur la présentation des devis
dressés par des gens de l'art et constatant les besoins ; ces
devis sont remis, avant le 1er février de chaque année, à
l'agent forestier local, qui en donne reçu ; et le conservateur,
après avoir fait effectuer les vérifications qu'il juge nécessaires, adresse l'état de toutes les demandes de cette nature au
directeur général, en même temps que l'état général des
coupes ordinaires, pour être revêtu de son approbation. La
délivrance de ces bois est mise en charge sur les coupes en
adjudication, et se fait à l'usager par l'adjudicataire, à l'époque fixée par le cahier des charges.

Dans le cas d'urgence constatée par le maire de la commune, la délivrance peut être faite en vertu d'un arrêté du
préfet rendu sur l'avis du conservateur. L'abatage et le façonnage des arbres ont lieu aux frais de l'usager (123, *ibid.*).
Les actes relatifs aux coupes et arbres délivrés en nature aux
communes et établissements publics pour leurs constructions
et chauffages, sont visés pour timbre et enregistrés en débet.
Il n'y a lieu à la perception des droits que dans le cas de
poursuites devant les tribunaux (104, *ibid.*).

DÉPARTEMENT DE LA MARINE. Ces mots sont souvent
les synonymes de l'administration de la marine. Néanmoins,
département exprime un ressort ou grand arrondissement ;
c'est ainsi que l'on dit, les départements maritimes de Brest,
de Toulon, etc. Le département de la marine peut faire
choisir et marteler par ses agents, dans tous les bois soumis

au régime forestier , lorsque des coupes devront y avoir lieu, tous les arbres propres aux constructions navales, qui n'auront pas été mis en réserve par les agents forestiers (122 , *Cod.*).

Les arbres marqués sont compris dans les adjudications et livrés par les adjudicataires à la marine, au prix dont il est convenu de gré à gré , sinon suivant l'estimation qui en est faite par deux experts nommés respectivement; et si les experts sont partagés d'avis , il en est nommé un troisième par le président du tribunal (128 , 127 . *ibid.*).

Pendant dix ans, à compter de la promulgation du Code, le département de la marine exerce le droit de choix et de martelage sur les bois des particuliers , futaies , arbres de réserves , avenues , lisières et arbres épars. Ce droit ne peut être exercé que sur les arbres en essence de chêne, qui sont destinés à être coupés, et dont la circonférence, mesurée à un mètre du sol, est de 15 décimètres au moins. Les arbres qui existent dans les lieux clos attenant aux habitations , et qui ne sont point aménagés , sont exceptés des martelages (124).

En conséquence , tout propriétaire qui veut faire abattre des arbres de la qualité ci-dessus , est tenu d'en faire la déclaration six mois auparavant la coupe, pendant lequel temps la marine peut les faire marquer pour son service ; et si elle ne le fait pas dans ce délai, les particuliers peuvent disposer des arbres déclarés (125, 127, *Ordonn.*). *Voyez* DÉCLARATION D'ABATAGE, AGENTS DE LA MARINE.

Le département de la marine conserve , jusqu'à l'abatage des arbres , la faculté d'annuler les martelages opérés pour son service ; mais il devra prendre tous les arbres marqués qui auront été abattus , ou les abandonner en totalité (129 , *ibid.*).

Dans les bois dont la régie est confiée à l'administration forestière, aussitôt après la désignation et l'assiette des coupes, le conservateur en adresse l'état au directeur ou au sous-directeur de la marine. De même, les agents forestiers chefs de service donnent avis aux ingénieurs, maîtres ou contre-maîtres de la marine, des opérations du balivage et du martelage des coupes, aussitôt qu'elles sont terminées. Alors les agents de la marine procèdent à la recherche et au martelage des bois propres au service de la marine royale (152). *Voyez* PROCÈS-VERBAUX DE MARTELAGE.

Les arbres qui ont été marqués pour le service de la marine, dans les bois soumis au régime forestier comme sur toute propriété privée, sont livrés en grume et en forêts; mais les adjudicataires ou propriétaires peuvent traiter de gré à gré avec les agents de la marine, relativement au mode de livraison des bois; à leur équarrissage et à leur transport sur les ports flottables ou autres lieux de dépôt (156, *Ordonn.*).

Pour constater les besoins que les propriétaires peuvent avoir de bois de construction, le maire, sur leur réquisition, établit, par un procès-verbal, le nombre des arbres sujets à déclaration qui leur sont nécessaires, l'âge et les dimensions de ces arbres. Ce procès-verbal est déposé à la sous-préfecture et transmis aux agents de la marine, de la manière prescrite pour les déclarations de volonté d'abattre (159).

Le ministre de la marine présente à l'approbation du roi l'état des départements, arrondissements et cantons qui ne sont point soumis à l'exercice du droit de martelage pour les constructions navales. Cet état approuvé est inséré au *Bulletin des Lois*. Les mêmes formalités sont observées lorsqu'il y a lieu d'assujettir de nouveau à l'exercice du martelage l'un des départements, arrondissements ou cantons qui en avaient été affranchis (161, *ibid.*).

DÉPLACEMENT de bornes. Action de les déplacer, avancer, rentrer ou supprimer. C'est un délit que les arpenteurs et tous autres agents forestiers sont chargés de constater (22, *Ordonn.*).

DESTINATION des bois. Emploi spécial qui doit en être fait. Les usagers ne peuvent changer la destination des bois qui leur sont livrés, ni les vendre ni les échanger, à peine d'une amende de 10 à 100 fr., lorsqu'il s'agit de bois de chauffage; et s'il s'agit de bois à bâtir ou de tout autre non destiné au chauffage, il y a lieu à une amende double de la valeur des bois, sans que cette amende puisse être au-dessous de 50 fr. (83, *Cod.*).

L'emploi des bois de construction doit être fait dans un délai de deux années; ce délai peut néanmoins être prolongé par l'administration forestière (84). Les bois dont il est fait réserve pour les communes et les établissements publics ne peuvent également être employés qu'à la destination qui leur a été assignée, sans pouvoir être vendus ni échangés qu'avec l'autorisation du préfet. Les administrateurs qui consentiraient de pareilles ventes ou échanges seraient passibles d'une amende égale à la valeur de ces bois, et de leur restitution au profit de l'établissement public, ou de leur valeur. Les ventes ou échanges seraient en outre déclarés nuls (102, *Cod.*).

Tout propriétaire convaincu d'avoir, sans motifs valables,

donné, en tout ou en partie, à ses arbres, une destination autre que celle qui a été annoncée dans le procès-verbal constatant ses besoins personnels, est passible de l'amende prononcée par défaut de déclaration (131, § 2). Quant aux arbres marqués pour le service de la marine, ils ne peuvent être distraits de leur destination, sous peine d'une amende de 45 fr. par mètre de tour de chaque arbre (133, *ibid.*).

DESTITUTION DES GARDES DES COMMUNES. Acte qui les dépose et les prive de leur charge ou emploi. Elle peut être prononcée par le préfet, s'il y a lieu, après avoir pris l'avis du conseil municipal ou des administrateurs des établissements propriétaires, ainsi que de l'administration forestière. Ces gardes peuvent seulement être suspendus par l'administration forestière (98, *ibid.*).

DESTITUTION DES AGENTS FORESTIERS. Privation de leur emploi, qui est prononcée par l'autorité même qui a le droit de les nommer. Toutefois le directeur général peut, dans les cas d'urgence, suspendre de leurs fonctions et remplacer provisoirement les agents qui ne sont pas nommés par lui, mais il en rend compte incessamment au ministre des finances. Les conservateurs peuvent en agir de même à l'égard des gardes généraux et autres préposés sous leurs ordres (38, *Ordonn.*).

DIRECTEUR GÉNÉRAL. Est le chef supérieur de l'administration forestière, après le ministre des finances. Il préside le conseil d'administration, dirige et surveille toutes les opérations relatives au service; il correspond avec les diverses autorités; il a seul le droit de recevoir et d'ouvrir la correspondance; il donne et signe tous les ordres généraux, et travaille avec le ministre des finances pour lui rendre compte des résultats de son administration (4, *Ordonn.*).

Le directeur général soumet à ce ministre tous les objets qui ont été délibérés en conseil d'administration, objets exprimés *verbo* ADMINISTRATEURS. Dans les autres affaires le directeur général statue, sauf le recours des parties devant le ministre des finances.

Le directeur général prend toutefois l'avis du conseil d'administration sur les destitutions, révocations ou mises en jugement des agents au-dessous du grade de sous-inspecteur et des préposés de l'administration forestière; sur toutes les affaires contentieuses, et sur toutes les dépenses au-dessus de 500 fr. (art. 8).

Le directeur général peut attribuer des fonctions communes aux différents gardes, et même des fonctions de surveillance

aux gardes à cheval sur les gardes à pied (28). Il destitue,
lorsqu'il y a lieu, les agents et préposés dont la nomination
lui appartient; il peut même suspendre ceux qui ne sont pas
nommés par lui, en les remplaçant provisoirement et en ren-
dant compte de la suspension au ministre des finances (38).

Le directeur général, après avoir pris l'avis du conseil
d'administration, dénonce aux tribunaux, ou autorise la mise
en jugement des gardes généraux et des préposés forestiers,
pour faits relatifs à leurs fonctions (39). Enfin le directeur
général préside le jury, nommé chaque année pour examiner
les élèves qui ont terminé leurs deux années d'étude (49).

DIRECTEUR de l'école royale forestière. Chef de l'enseignement donné dans cette école. L'un des trois professeurs qui y sont attachés remplit les fonctions de directeur
(42, *Ordonn.*). Ses attributions sont établies par un règlement spécial donné par le ministre des finances (53).

DIRECTION générale des forêts. Autorité qui exerce sous
celle du ministre des finances les attributions conférées par
le Code forestier à l'administration des forêts. Elle se compose
d'un directeur général et de trois administrateurs (2, *Ord.*).

La direction générale détermine le nombre et la résidence
des gardes généraux, des arpenteurs, des gardes à cheval et
des gardes à pied, ainsi que les arrondissements et triages
dans lesquels ils éxercent leurs fonctions. Les conservateurs,
inspecteurs, sous-inspecteurs, gardes généraux, arpenteurs et
gardes sont sous les ordres de la direction générale (11, *ibid.*).
Un vérificateur général des arpentages, nommé par le ministre
des finances, est attaché à la direction générale (9, *ibid.*).

DOMMAGES-INTÉRÊTS. Sont l'indemnité et le dédommagement d'un préjudice, d'un mal causé à autrui ou à
l'État, dans ses bois et forêts. Les dommages-intérêts sont toujours accordés indépendamment des amendes prononcées en
matière de contraventions et de délits forestiers (34, 37, *Cod.*).
Il y a lieu d'en accorder contre les adjudicataires lorsqu'ils
ne font pas la coupe des bois et la vidange des ventes, dans le
délai fixé par le cahier des charges (40, *Cod.*). *Voyez,* pour
complément, Arpenteurs, Adjudicataires, Bois indivis,
Question préjudicielle, Enlèvement de bois de délit. Dans
tous les cas où il y a lieu d'accorder des dommages-intérêts,
ils ne peuvent être inférieurs à l'amende simple, prononcée
par le jugement (202, *ibid.*).

DROIT de choix. Est celui qu'exerce ou peut exercer l'ad
ministration de la marine dans les bois des particuliers, pou

y choisir les arbres en essence de chêne, qui conviennent aux constructions navales (124, *ibid.*). *Voyez* DÉPARTEMENT DE LA MARINE.

E.

ÉCHANGE DE BOIS. Action de les changer ou troquer pour d'autres espèces, qualités ou matières. Cet échange est défendu aux usagers, aux communes, aux établissements publics, à peine d'amende (83, 102, *ibid.*). *Voyez* DESTINATION, BOIS DES COMMUNES.

ÉCLAIRCIE. En termes de marine, on nomme ainsi un espace clair qui paraît dans les nuages en temps de brume. En termes forestiers, éclaircie se prend pour éclaircissement, action d'éclaircir. C'est ainsi que l'on dit couper des bois par éclaircie, au lieu d'éclaircissement; ce qui se fait en abattant des baliveaux sur taillis qui sont trop nombreux et qui empêchent de croître ou profiter le surplus de la forêt. Au lieu de faire vendre dans la forme ordinaire les bois à couper par éclaircie, le directeur général peut les faire exploiter au compte de l'État, et l'entreprise en est adjugée au rabais. Les bois étant façonnés, ils sont vendus par lots, aux enchères (88, *Ord.*).

ÉCOLE ROYALE FORESTIÈRE. Institution, établissement pour former des élèves, capables d'occuper des emplois principaux dans l'administration forestière. En d'autres termes, c'est la pépinière des agents forestiers.

Cette école est sous la surveillance du directeur général (40, *ibid.*).

Son enseignement comprend l'histoire naturelle dans ses rapports avec les forêts; les mathématiques appliquées à la mesure des solides et à la levée des plans: la législation et la jurisprudence, tant administratives que judiciaires en matière forestière; l'économie forestière en ce qui concerne spécialement la culture, l'aménagement et l'exploitation des forêts, et l'éducation des arbres propres aux constructions civiles et navales; le dessin, la langue allemande (41, *Ordonn.*).

Trois professeurs de ces sciences, nommés par le ministre des finances, sont attachés à l'école royale; l'un d'eux remplit les fonctions de directeur. Un maître de dessin et un maître d'allemand sont aussi attachés à cette école qui est établie à Nancy, et qui, à ses logements et établissements particuliers, joint une bibliothèque, un cabinet d'histoire naturelle et un

4.

terrain pour les pépinières et cultures forestières. Les cours
y sont de deux ans (12, 43, *ibid.*). *Voyez* ASPIRANTS, ÉLÈVES,
EXAMEN, UNIFORME.

ÉCOLES SECONDAIRES. Institutions particulières où l'on
donne l'instruction convenable aux sujets destinés à l'emploi
de gardes. Elles sont établies dans les parties les plus boisées de
la France; on y enseigne l'écriture, la grammaire, les quatre
premières règles de l'arithmétique, la connaissance des arbres forestiers, de leurs qualités et usages, des semis et plantations; des principes sur les aménagements, sur les estimations
et exploitations, l'étude des lois et règlements qui concernent
les fonctions des gardes, la rédaction des procès-verbaux,
des citations; la tenue d'un livre-journal, et l'exercice des
droits d'usage (40, 54, 55, *ibid.*).

ÉCONOMIE FORESTIÈRE. En général, économie exprime
l'ordre, le règlement, la bonne conduite. L'économie forestière participe sans doute à cette définition, mais nous dirions
volontiers qu'elle exprime aussi l'éducation des arbres, puisqu'elle embrasse leurs semences, plantations, cultures, aménagements et leurs exploitations. Cette économie est une véritable science que l'on enseigne aux aspirants (41, *Ordonn.*).

ÉCORCE. Enveloppe ou couverture de l'arbre. On fait du
tan avec l'écorce du chêne, mais il est défendu de dépouiller
les arbres dans les bois et forêts. *Voyez* ÉCORCER.

ÉCORCER. Action de peler les arbres, d'enlever leur écorce.
Ceux qui, dans les bois et forêts, ont écorcé ou mutilé des
arbres, sont punis comme s'ils les avaient abattus par le pied
(196, *ibid.*).

ÉDITS, LOIS, CONSTITUTIONS, ORDONNANCES DES SOUVERAINS.
Tous ceux qui ont été donnés sur les matières réglées par le
Code forestier, sont entièrement abrogés, en tout ce qui
concerne les forêts. Néanmoins les droits acquis antérieurement à ce Code sont, en cas de contestation, jugés suivant les
édits, ordonnances, déclarations et arrêts du conseil existant lors de l'acquisition desdits droits (218, *Cod.*).

ÉDUCATION DES ARBRES. *Voyez* ÉCONOMIE FORESTIÈRE.
Les aménagements sont réglés dans l'intérêt de l'éducation
des futaies (68, *Ordonn.*).

ÉHOUPPER. Couper la houppe ou le bouquet d'un arbre,
c'est le déshonorer. Ceux qui, dans les bois et forêts, éhoup-
pent des arbres, sont punis comme s'ils les avaient abattus
par le pied (196, *Cod.*). *Voyez* ENLÈVEMENT DE BOIS DE DÉLIT.

ÉLAGAGE. Action d'élaguer, de couper des branches.

Les propriétaires riverains des bois et forêts ne peuvent se prévaloir de l'article 672 du Code civil, pour l'élagage des lisières desdits bois et forêts, si les arbres ont plus de trente ans. Néanmoins, quand les arbres de lisière, qui ont actuellement plus de trente ans, auront été abattus, les arbres qui les remplaceront devront être élagués conformément à l'article 572 du Code civil, lorsque l'élagage en sera requis par les riverains (150, *ibid.*). *Voyez* PLANTATIONS.

La peine de l'élagage injustement fait est la même que celle infligée pour la coupe des arbres par le pied (196). Les conservateurs autorisent et font effectuer la vente des bois provenant d'élagages qui ont été jugés nécessaires dans les bois et forêts (102, *Ord.*).

ÉLAGUER. Couper les branches d'un arbre les plus près du tronc, afin de faire croître et élever sa tige. Cette action est un délit quand elle est faite sans droit ou autorisation. Les coupables sont punis comme s'ils avaient abattus les arbres par pied (196, *Cod.*).

ÉLÈVES. Ce sont des jeunes gens choisis parmi les aspirants, pour occuper, suivant l'ordre établi, différents emplois dans l'administration forestière, qui sont au-dessus de ceux de gardes. Néanmoins, pendant leur séjour à l'école ils n'ont que le rang de gardes à cheval ; ils sont au nombre de vingt-quatre, nommés par le ministre des finances, suivant le rang d'instruction et de capacité qui leur a été assigné d'après les examens (44 et 46). Ils portent un uniforme composé d'un habit et d'un pantalon de drap vert, boutons de métal blanc, portant les mots *école royale forestière*. L'habit boutonné sur la poitrine, ayant à chaque côté du collet deux légers rameaux de chêne de la longueur de cinq centimètres, et un gland brodé en argent ; un gilet blanc et un chapeau français avec ganse en argent (47, *Ord.*).

A la fin de chaque année, un jury composé de trois professeurs et présidé par le directeur général ou par l'administrateur qu'il aura délégué, procède à l'examen des élèves qui ont complété leur temps d'étude (49, *ibid.*). Les élèves qui ont satisfait à l'examen de sortie ont le rang de garde général, et obtiennent, quand ils ont l'âge requis, ou quand ils ont obtenu du roi des dispenses d'âge, les premiers emplois vacants dans ce grade. Toutefois, la moitié de ces emplois est expressément réservée pour l'avancement des gardes à cheval (50, *ibid.*).

Si les élèves, après avoir terminé leurs cours, et fait preuve des connaissances requises, n'ont pas atteint l'âge de vingt-cinq ans, ou obtenu des dispenses d'âge, ou s'il n'existe point d'emplois de gardes généraux vacants, ils jouissent du traitement de garde à cheval, et sont employés provisoirement soit près de la direction générale à Paris, soit près des conservateurs ou des inspecteurs dans les arrondissements les plus importants (51, *ibid.*).

Dès que les élèves ont satisfait à la condition d'âge, et que des vacances ont lieu, les premiers emplois de gardes généraux leur sont acquis par préférence aux autres élèves qui auraient postérieurement terminé leurs cours (51, *ibid.*).

Ceux qui, après les deux années d'étude révolues, n'ont point fait preuve, devant le jury d'examen, de l'instruction nécessaire pour exercer des fonctions actives, sont admis à suivre les cours pendant une troisième année; mais si, après cette troisième année, ils sont encore reconnus incapables, ils cessent de faire partie de l'école et de l'administration forestières. Quant à ceux qui, d'après les comptes périodiques rendus au directeur général des forêts par le directeur de l'école, ne suivent pas exactement les cours, ou dont la conduite a donné lieu à des plaintes graves, il en est référé au ministre des finances, qui ordonne, s'il y a lieu, leur radiation du tableau des élèves (52, *ibid.*). *Voyez* ASPIRANTS, EXCURSIONS.

EMPLOIS ET EMPLOYÉS. *Voyez* AGENTS FORESTIERS, GARDES GÉNÉRAUX, GARDES A CHEVAL, GARDES A PIED, ÉLÈVES.

EMPLOYÉS DES ADJUDICATAIRES. Ce sont les facteurs, gardes-ventes, ouvriers, bûcherons, voituriers et autres qui travaillent pour le compte des adjudicataires, et dont ceux-ci sont responsables civilement. Les cautions partagent cette responsabilité (46, *Cod.*).

EMPREINTES. Impressions, marques ou figures que forme la pression ou l'application d'un corps sur un autre. Telles sont les empreintes sur les arbres, du marteau royal, des marteaux des agents forestiers et des marteaux des adjudicataires de coupes.

L'empreinte du fer chaud dont on marque les porcs avant de les mettre en glandée est déposée au greffe du tribunal de l'arrondissement, à peine de 50 fr. d'amende (55,73,74, *Cod.*). *Voyez* PORCS. L'empreinte du marteau royal est déposée tant aux greffes des cours qu'à ceux des tribunaux de première instance, et chez l'agent chef de service de chaque inspection (36, *Ordonn.*). *Voyez* ÉTUI. Mais les empreintes des marteaux dont les agents et gardes sont pourvus , ne sont déposées qu'aux greffes des tribunaux d'arrondissement (7 , *ibid.*). Il en est de même du marteau des adjudicataires, à peine de 5o fr. d'amende. On dépose encore les empreintes de ceux-ci, chez l'agent forestier local (32). L'empreinte du marteau royal est une fleur de lis avec le n° de la conservation. *Voyez* MARTEAU ROYAL.

EMPRISONNEMENT. Action d'emprisonner , de mettre en prison. Cette peine est appliquée à différents délits et contraventions exprimés par le Code forestier , notamment lorsque les agents forestiers , les agents de la marine , et les fonctionnaires chargés de présider ou de concourir aux ventes des coupes de bois , prennent part à ces ventes, directement ou indirectement , soit par eux, soit par personnes interposées (21 , § 1).

S'il y a récidive de la part d'un pâtre qui laisse passer ou vaguer les animaux dont il a la garde , hors des cantons déclarés défensables ou désignés pour le panage et le pâturage , ou hors des chemins indiqués pour s'y rendre (76) ; si encore les pâtres conduisent par récidive des chèvres , brebis ou moutons dans les bois et forêts , ou dans les chemins qui en dépendent (78, *ibid.*); si on arrache des plants dans les semis ou plantations exécutées de mains d'hommes (195 , *Cod.*); enfin , si par des manœuvres ou associations secrètes , on nuit à la liberté des enchères (22 , *ibid.*; 412 , *Cod. pén.*), la peine d'emprisonnement est prononcée par le Code forestier dans ces différents cas. On trouvera d'autres circonstances pour l'application de cette peine aux articles qui y sont spéciaux.

ÉMONDER. C'est couper les branches d'un arbre dont on a coupé la tête , autrement dit, que l'on a *été*. Ce dernier mot est le synonyme d'émonder. *Voyez* ÉHOUPPER.

ENCEINTE. Clôture , circuit ou tour des bois et forêts. Il est défendu d'établir dans l'enceinte des forêts aucune maison ou ferme , loge , baraque , hangar , briqueterie , tuilerie et usine à scier le bois , sans l'autorisation du gouvernement , à peine d'une amende de 5o fr. pour les maisons et fermes , et de 100 à 500 fr. pour les autres établissements , indépendamment de la démolition des ouvrages (151,152,153, *ibid.*). Cependant on excepte les maisons et usines qui font partie des villes, villages ou hameaux formant une population agglomérée (156, *ibid.*).

ENCERNER. Enceindre , environner , entourer , tracer

des limites pour former ou reconnaître l'enceinte. *Voyez* ce mot.

ENCHÈRES. Offres successives ou mises à prix d'une ou plusieurs choses qui sont en adjudication publique, au plus offrant et dernier enchérisseur. Les enchères sont obligatoires pour ceux qui les ont faites, tant qu'elles ne sont point couvertes par d'autres plus fortes. En cas de contestations sur la validité des enchères, elles sont décidées à l'instant même par le fonctionnaire qui préside la séance d'adjudication (20, *ibid.*).

Avant l'ouverture des enchères, le conservateur, ou l'agent forestier qui le remplace pour l'adjudication, fait connaître au fonctionnaire qui préside le montant de l'estimation des coupes, et les feux ne sont allumés que lorsque les enchères sont égales à l'estimation, ou du moins très rapprochées de cette estimation (87, *Cod.*).

ENCHÉRISSEURS. Ce sont ceux qui font les offres ou mises à prix que l'on nomme enchères. Les enchérisseurs doivent donner caution s'ils ne sont pas reconnus solvables (20, *ibid.*). *Voyez* CAUTIONS, ENCHÈRES.

ENCROUÉ. Un arbre est encroué lorsqu'en l'abattant il est tombé sur un autre et s'est engagé dans ses branches. Il n'est pas permis d'abattre ni d'élaguer l'arbre sur lequel un autre est encroué, sans autorisation des agents forestiers. *Voyez* ÉLAGAGE.

ENDINAGES. Travaux qui se font sur et dans quelques fleuves, à l'instar des fascinages. *Voyez* TRAVAUX DU RHIN.

ENGRAIS. Ce mot désigne aussi bien les pâturages destinés à l'engrais des bestiaux, que les fumiers qui servent à l'engrais et à l'amélioration des terres. Les engrais qui existent sur le sol des forêts ne peuvent être enlevés sans autorisation, à peine d'amendes qui sont fixées par charretée, tombereau, charge, etc. (144, *ibid.*). *Voyez*, pour la quotité de cette amende, BRUYÈRES.

ENLÈVEMENT DE BOIS DE DÉLIT. Action de prendre, de dérober par maraudage ou autrement des bois ou parties de bois qui n'appartiennent pas à celui qui les prend. Dans tous les cas d'enlèvements frauduleux de bois et autres productions du sol des forêts, il y a toujours lieu, outre les amendes, à la restitution des objets enlevés ou de leur valeur, et de plus, selon les circonstances, à des dommages-intérêts. Les instruments des délinquants, tels que scies, haches, cognées, sont toujours confisqués (198, *Cod.*).

Quiconque enlève des chablis et bois de délit, est condamné aux mêmes amendes et restitutions que s'il les avait
abattus sur pied (197). Il en est de même de ceux qui éhoup-
pent, écorcent ou mutilent les arbres (196).

La coupe ou l'enlèvement d'arbres ayant deux décimètres
de tour et au-dessus donne lieu à des amendes qui sont déterminées dans les proportions établies au tableau qui va suivre, suivant l'essence ou la classe et la circonférence de ces
arbres. Voyez, *verbo* ARBRES, la division par classe des différents arbres, afin de mieux saisir les variations du tableau.

Si les arbres de la première classe ont deux décimètres de
tour, l'amende est de 1 fr. par chaque décimètre, et s'accroît ensuite de 10 centimes par chacun des autres décimètres; si les arbres de la seconde classe ont deux décimètres
de tour, l'amende est de 50 centimes par décimètre, elle
s'accroît ensuite progressivement de 5 centimes par chacun
des autres décimètres. Si les arbres coupés ont été enlevés et façonnés, le tour en est mesuré sur la souche; et si
celle-ci a encore été enlevée, le tour en est calculé dans la
proportion d'un cinquième en sus de la dimension totale des
quatre faces de l'arbre. Enfin, lorsque l'arbre et la souche ont
disparu, l'amende est calculée suivant la grosseur de l'arbre, arbitrée par le tribunal, d'après les documents du procès (192 à 195, *Cod.*).

TABLEAU ou TARIF

Des amendes à prononcer par arbre coupé ou enlevé frauduleusement, d'après sa grosseur et son essence, suivant l'article 192, ibid.

ARBRES DE PREMIÈRE CLASSE.			ARBRES DE SECONDE CLASSE.		
CIRCON-FÉRENCE.	AMENDE PAR DÉCIMÈTRE.	AMENDE PAR ARBRE.	CIRCON-FÉRENCE.	AMENDE PAR DÉCIMÈTRE.	AMENDE PAR ARBRE.
	» fr. » c.	» fr. » c.		» fr. » c.	» fr. » c.
1	» fr. » c.	» fr. » c.	1	» fr. » c.	» fr. » c.
2	1 »	2 »	2	» 50	1 »
3	1 10	3 30	3	» 55	1 65
4	1 20	4 80	4	» 60	2 40
5	1 30	6 50	5	» 65	3 25
6	1 40	8 40	6	» 70	4 20
7	1 50	10 50	7	» 75	5 25
8	1 60	12 80	8	» 80	6 40
9	1 70	15 30	9	» 85	7 65
10	1 80	18 »	10	» 90	9 »
11	1 90	20 90	11	» 95	10 45
12	2 »	24 »	12	1 »	12 »
13	2 10	27 30	13	1 5	13 65
14	2 20	30 80	14	1 10	15 40
15	2 30	34 50	15	1 15	17 25
16	2 40	38 40	16	1 20	19 20
17	2 50	42 50	17	1 25	21 23
18	2 60	46 80	18	1 30	23 40
19	2 70	51 30	19	1 35	25 65
20	2 80	56 »	20	1 40	28 »
21	2 90	60 90	21	1 45	30 45
22	3 »	66 »	22	1 50	33 50
23	3 10	72 30	23	1 55	35 65
24	3 20	76 80	24	1 60	38 40
25	3 30	82 50	25	1 65	41 25
26	3 40	88 40	26	1 70	44 20
27	3 50	94 50	27	1 75	47 25
28	3 60	100 80	28	1 80	50 40
29	3 70	107 30	29	1 85	53 65
30	3 80	114 »	30	1 90	57 40
31	3 90	120 90	31	1 95	60 55
32	4 »	128 »	32	2 »	64 »

Mais si les arbres coupés et enlevés frauduleusement n'ont pas deux décimètres de tour, l'amende est, pour chaque charretée, de 10 francs par bête attelée; de 5 francs pour chaque charge de bête de somme; et de 2 francs par fagot, fouée ou charge d'homme; et s'il s'agit d'arbres plantés ou semés dans les forêts, la peine est d'une amende de 3 francs par arbre, quelle qu'en soit la grosseur, et en outre, d'un emprisonnement de six à quinze jours (194, *Cod.*). *Voyez*

ADJUDICATAIRES, COUPES EXTRAORDINAIRES, PROCÈS-VERBAUX.

ENLÈVEMENT DES COUPES. Nous définirions volontiers ces mots par ceux de VIDANGE DES VENTES, puisque l'action qu'ils expriment est la même : celle d'enlever tous les bois compris dans une coupe ouverte et exploitée dans le temps prescrit par le cahier des charges. *Voyez* VIDANGE. Il est interdit aux adjudicataires d'effectuer aucun enlèvement des coupes avant le lever ou après le coucher du soleil, à peine de 100 francs d'amende (35, *ibid.*).

ENLÈVEMENT DE PLANTS. *Voyez* PLANTS.

ENQUÊTE *de commodo et incommodo.* Recherches, informations, réunions de témoignages sur l'avantage ou les inconvénients de telle mesure proposée.

Une enquête de cette nature a lieu lorsque le rachat d'un droit d'usage, de panage, de glandée ou autres, étant requis par l'administration forestière, les usagers ou les habitants d'une commune soutiennent que ces droits sont d'absolue nécessité, et que cette nécessité est déniée par l'administration (64, *ibid.*).

ENTREPRENEUR SPÉCIAL. On nomme ainsi celui que les usagers ou communes usagères chargent de faire, à leurs frais, l'exploitation des chauffages qui se délivrent par coupes. Cet entrepreneur, dont les usagers sont responsables, doit être agréé par l'administration (81). *Voyez* CONFISCATION.

Cet entrepreneur se conforme à tout ce qui est prescrit aux adjudicataires pour l'usance et la vidange des ventes ; il est soumis à la même responsabilité, et passible des mêmes peines que les adjudicataires en cas de contravention (82, *ibid.*).

ENTREPRENEUR DE L'EXPLOITATION DES COUPES. C'est le même que l'entrepreneur spécial. *Voyez* l'article qui précède.

ENTREPRENEURS DE TRAVAUX PUBLICS. Sont ceux qui se chargent ou entreprennent par adjudication ou autrement, différents ouvrages d'utilité publique, tels que ceux d'entretien et de réparations des grandes routes, des ponts et chaussées, et autres à la charge du gouvernement.

Le système forestier ne déroge point aux droits conférés à l'administration des ponts et chaussées, d'indiquer les lieux où doivent être faites, dans les bois et forêts, les extractions de matériaux pour les travaux publics. Néanmoins les entrepreneurs sont tenus envers l'État, les communes et les établissements publics, comme envers les particuliers, de payer toutes les indemnités de droit, et d'observer toutes les formes prescrites par les lois et règlements en cette matière (145 , *Cod.*).

ÉPINES. Petits arbres qui portent des pointes fort aiguës. Ils sont employés aux clôtures, et sont nécessairement de la classe des arbres; même on ne les connaît que sous le nom de mort-bois. L'adjudicataire doit couper et enlever toutes les épines qui se trouvent dans sa vente (41 , *ibid.*). *Voyez* ADJUDICATAIRE.

ÉQUARRISSAGE. Action d'équarrir, de travailler, ou d'exploiter, ou de réduire un arbre, qui est en grume, à une forme carrée. En d'autres termes, c'est tailler une pièce de bois à angles droits. Les arbres marqués pour le service de la marine ne peuvent être équarris avant leur livraison (133 , *ibid.*).

ÉQUARRI. C'est l'arbre ou la pièce de bois sur laquelle a été fait l'équarrissage (*ibid.*).

ÉRABLE. Arbre futaie très dur dont le bois est propre à faire des meubles; il est de la première classe (192 , *ibid.*).

ESSARTEMENT , ACTION D'ESSARTER. *Voyez* ce mot. Les bois provenant d'essartements non vendus sur pieds, peuvent l'être sur la simple autorisation des conservateurs, et comme menus marchés (102 , *ibid.*).

ESSARTER ou ESSARTIR. C'est défricher et arracher les ronces, épines, racines, broussailles, taillis, afin de nettoyer les bois. Essarter se dit aussi de l'action de défricher les bois pour mettre le sol en valeur.

ESSENCE D'ARBRE. Genre, espèce, qualité particulière de l'arbre. L'essence des arbres détermine certaines amendes lorsque la constatation peut en être faite (33 , 34, *Cod.*). *Voyez* ARBRES DE RÉSERVE, ENLÈVEMENT DE BOIS DE DÉLIT, COMMUNES USAGÈRES.

ESSENCE DE CHÊNE. Nature ou qualité du chêne. C'est sur cette seule espèce d'arbre que la marine exerce ses choix et martelage (124, *ibid.*). *Voyez* DÉPARTEMENT DE LA MARINE.

ESSENCE DOMINANTE. Espèce qui est en plus forte quantité que toutes les autres, dans certains bois ou forêts. Quand l'essence dominante est en châtaignier ou bois blanc, les coupes des taillis peuvent être faites avant l'âge de 25 ans (69 , *ibid.*).

ESTIMATION. Évaluation ou fixation de la valeur des choses qui sont dans le cas d'être appréciées par experts, tels que les coupes de bois, les droits d'usages et autres, dont l'affranchissement est provoqué. L'estimation des coupes est faite par un procès-verbal spécial qui est adressé au conservateur dans la huitaine (81, *Ord.*) *Voyez* EXPERTS, EXPERTISE.

ÉTABLISSEMENTS INDUSTRIELS. On désigne ainsi les usines, ateliers, forges, fourneaux, etc., en faveur desquels il a été fait, dans les bois et forêts de l'État où des communes, des affectations de coupes. *Voyez* ces mots.

ÉTABLISSEMENTS PUBLICS. *Voyez* BOIS DES COMMUNES, COMMUNES USAGÈRES, DESTINATION.

ÉTALON. On désigne quelquefois ainsi les baliveaux des coupes précédentes. *Voyez* BALIVEAUX.

ÉTAT DES JUGEMENTS ET ARRÊTS. C'est un relevé sommaire ou extrait par notices de tous les jugements et arrêts qui ont été rendus à la requête de l'administration forestière pendant le cours d'un trimestre ; c'est à la fin de chaque trimestre que cet état doit être fourni par les conservateurs au directeur général, avec l'indication de l'état des poursuites intentées, sur lesquelles il n'a pas encore été statué (187, *Ordonn.*).

ÉTAT ANNUEL. Est celui qui est dressé par le conseil de l'administration forestière, des coupes ordinaires qui doivent être faites dans l'année. Le directeur général soumet cet état au ministre des finances, pour obtenir son autorisation de faire adjuger les coupes (7, *ibid.*).

ÉTUI A DEUX CLEFS. Instrument en fer ou en bois dans lequel on introduit le marteau royal. L'une des clefs de l'étui reste entre les mains de l'agent chef de service de chaque inspection, et l'autre est entre les mains de l'agent immédiatement inférieur. L'agent dépositaire de ce marteau doit entretenir l'étui et la monture en bon état ; il est responsable de ce dépôt et de la remise de la seconde clef, à l'agent, à qui elle doit être confiée (36, *Ordonn.*).

EXAMEN DE SORTIE. On définit l'examen, recherche exacte, discussion soigneuse. Les élèves de l'école royale forestière en subissent un à leur sortie sur l'enseignement qu'ils ont reçu pendant leurs cours. Voilà pourquoi le législateur le nomme *Examen de sortie*. L'élève qui fait preuve des connaissances requises, dans cet examen, obtient le rang de garde général, jusqu'à ce qu'il soit titulaire de cet emploi (50, *Ordonn.*).

EXAMINATEURS. Sont ceux qui examinent et inter-

rogent les élèves sur la science qu'ils ont étudiée. Les examinateurs des aspirants sont ceux des écoles royales militaires
(44, *ibid.*), et ceux des élèves sont les trois professeurs et le
directeur général réunis en *jury* (49, *ibid.*).

EXCEPTION PRÉJUDICIELLE. Est celle dont l'effet est de
rendre inutile l'action ou la poursuite principale.

Lorsqu'un prévenu excepte d'un droit de propriété ou de
jouissance de l'objet sur lequel on prétend qu'il a été commis un délit ou une contravention, c'est là une véritable
exception préjudicielle, dont le jugement doit avoir lieu avant
la demande principale. A cet effet, dans les tribunaux correctionnels et de police, il est sursis sans aucun examen à faire
droit au fond jusqu'à la décision sur l'incident.

Mais en matières de délits forestiers, les tribunaux avant
de surseoir et de renvoyer devant les juges civils pour statuer sur l'exception préjudicielle, décident d'abord de l'ad-
missibilité de cette exception, et la loi déclare qu'elle ne sera
admise qu'autant qu'elle sera fondée, soit sur un titre ap-
parent, soit sur des faits de possession équivalents, personnels au prévenu et par lui articulés avec précision; qu'autant
encore que le titre produit ou les faits articulés seront de nature, dans le cas où ils seraient reconnus par l'autorité com-
pétente, à ôter au fait, qui sert de base aux poursuites, tout
caractère de délit ou de contravention (182, *Cod.*).

EXCURSION. COURSE, IRRUPTION, INTRODUCTION. Les
élèves de l'école forestière font chaque année, sous la conduite d'un professeur, des excursions dans les bois et forêts,
pour faire sur le terrain l'application ou la démonstration
des principes qui leur sont enseignés (48, *Ordonn.*).

EXÉCUTION PARÉE. Se dit d'un acte authentique ou
jugement revêtu de formules exécutoires, qui peut être mis
à exécution sans procédures ni formalités, autres que les
moyens de contrainte. Tout procès-verbal d'adjudication emporte exécution parée et contrainte par corps contre les adjudicataires, leurs associés et cautions, tant pour le paiement
du prix de l'adjudication, que pour les accessoires et frais
(23, *ibid.*).

EXÉCUTION DES JUGEMENTS ET ARRÊTS. C'est l'action de
les faire exécuter par les contraintes autorisées. Les jugements rendus à la requête de l'administration forestière, ou
sur la poursuite du ministère public, sont signifiés par simple
extrait qui contient les noms des parties et le dispositif du jugement. Cette signification fait courir les délais de l'opposi-

tion et de l'appel et les jugements sont exécutoires par la
contrainte par corps (209, 211, *Cod.*).

Le recouvrement des amendes se fait par les receveurs de
l'enregistrement (210). A ces dispositions, l'ordonnance réglémentaire ajoute ce qui suit : « Les extraits des jugements
par défaut sont remis, par les greffiers des cours et tribunaux, aux agents forestiers, dans les trois jours après celui où
les jugements ont été prononcés. L'agent forestier supérieur
de l'arrondissement les fait signifier immédiatement aux
condamnés, et remet en même temps au receveur des domaines un état indiquant les noms des condamnés, la date
de la signification des jugements, et le montant des condamnations, amendes, dommages-intérêts et frais. Quinze jours
après la signification du jugement, l'agent forestier remet les
originaux des exploits de signification au receveur des domaines, qui procède alors contre les condamnés, conformément à ce qui est prescrit par l'article 211 du Code forestier.
Voyez Condamnés, Contrainte par corps.

Si, pendant cette quinzaine, le condamné interjette appel
ou forme opposition, l'agent forestier en donne avis au receveur (188, *Ordonn.*). Quant aux jugements contradictoires,
lorsqu'il n'a été fait par les condamnés aucune déclaration
d'appel, les greffiers en remettent l'extrait directement
aux receveurs des domaines, dix jours après celui où le jugement a été prononcé, et les receveurs procèdent contre les
condamnés, conformément aux dispositions de l'article 211
du Code forestier. L'extrait des arrêts ou jugements rendus
sur appel est remis directement aux receveurs des domaines,
par les greffiers des cours et tribunaux d'appel, quatre jours
après celui où le jugement a été prononcé, si le condamné
ne s'est point pourvu en cassation (189, *ibid.*).

A la fin de chaque trimestre, les directeurs des domaines
remettent au directeur général de l'enregistrement et des
domaines, un état indiquant les recouvrements effectués
en exécution des jugements correctionnels en matière forestière, et les condamnations pécuniaires tombées en non
valeur par suite de l'insolvabilité des condamnés (190,
ibid.).

Ceux d'entre eux qui, en raison de leur insolvabilité, de-
mandent leur mise en liberté, présentent leur requête, ac-
compagnée des pièces justificatives exigées par l'article 420
du Code d'instruction criminelle, aux procureurs du roi, qui
ordonnent, s'il y a lieu, que les condamnés soient mis en liberté

à l'expiration des délais que nous avons rapportés *verbo* Con-
DAMNÉS.

EXPERTISE, ACTION D'ESTIMER, D'APPRÉCIER. L'expertise
pour le partage ou délivrance de l'affouage, lorsque le mode
n'en est pas établi par titres, se fait dans le procès-verbal
même de la délivrance, par le maire de la commune ou son
délégué ; par l'agent forestier ou par un expert, au choix de
la partie prenante (143, *Ordonn.*).

EXPERTS. Personnes capables par leur art ou science
d'apprécier la valeur de choses contentieuses, ou de donner
un avis sur des faits et des dégâts, sur des situations de lieux,
des opérations, des contrefaçons, etc. Ce sont des experts
nommés par le préfet et par les parties, qui font les délimitations de bois et forêts (61, *Ordonn.*). *Voyez* DÉLIMITATION.

EXPLOITATION DES COUPES. C'est abattre, façonner,
débiter les bois qui sont compris dans les ventes adjugées.
L'exploitation des coupes ne peut être commencée avant d'en
avoir obtenu la permission de l'agent forestier. *Voyez* ADJU-
DICATAIRES, TRAVAUX DU RHIN. L'exploitation des bois de
chauffage qui se délivrent par coupes est faite aux frais des
usagers. (81, *Cod.*).

EXPOLITATION DE LA VIDANGE. *Voyez* NETTOIEMENT DES
COUPES, VIDANGE.

EXTRACTION. Action d'extraire, d'enlever, de sortir
du sein de la terre, des pierres, des sables, minerais, matériaux, etc. Toute extraction ou enlèvement non autorisé fait
sur ou dans le sol des forêts, est une contravention punie
d'une amende qui varie suivant les quantités enlevées. *Voyez*
BRUYÈRES (144, *Cod.*).

L'autorisation d'extraire ou d'enlever, se délivre par le directeur général, s'il s'agit des bois de l'État, et par les maires
ou administrateurs des établissements publics, lorsqu'il s'agit
des bois des communes ou de ces établissements propriétaires, sauf l'approbation du directeur général. Quant au prix
des corps à extraire, il est fixé par ce même directeur pour
les bois de l'État, et par les préfets pour les autres bois, sur
les propositions des maires ou des administrateurs (169,
Ordonn.).

Lorsque les extractions de matériaux ont pour objet des
travaux publics, les ingénieurs des ponts-et-chaussées, avant
de dresser le cahier des charges des travaux, désignent à l'a-
gent forestier supérieur de l'arrondissement, les lieux où ces
extractions devront être faites. Les agents forestiers, de con-

cert avec les ingénieurs ou conducteurs des ponts-et-chaussées, procèdent à la reconnaissance des lieux, déterminent les limites du terrain où l'extraction peut être effectuée, le nombre, l'espèce et les dimensions des arbres dont elle peut nécessiter l'abatage, et désignent les chemins à suivre pour le transport des matériaux. En cas de contestations sur ces divers objets, il est statué par le préfet (170, *Ordonn.*).

Les différentes clauses et conditions qui, d'après les dispositions précédentes, sont imposées aux entrepreneurs, tant pour le mode d'extraction que pour le rétablissement des lieux en bon état, sont rédigées par les agents forestiers, et remises par eux au préfet qui les fait insérer au cahier des charges des travaux (71, *ibid.*).

L'évaluation des indemnités dues à raison de l'occupation ou de la fouille des terrains, et des dégâts causés par l'extraction, est faite conformément aux articles 55 et 56 de la loi du 16 septembre 1807. L'agent forestier supérieur de l'arrondissement remplit les fonctions d'expert dans l'intérêt de l'État ; et les experts dans l'intérêt des communes ou des établissements publics, sont nommés par les maires ou les administrateurs (172, *ibid.*).

Les agents forestiers, et les ingénieurs et conducteurs des ponts et chaussées sont expressément chargés de veiller à ce que les entrepreneurs n'emploient pas les matériaux provenant des extractions à d'autres travaux que ceux pour lesquels elles auront été autorisées (173, *ibid.*).

F.

FACE. C'est le côté du pied-cornier qui a reçu l'empreinte du martelage. *Voyez* Marteau royal et Pied-cornier.

FACTEUR. *Voyez* Garde-vente et Adjudicataires. On appelait autrefois facteur, le commissionnaire du marchand de bois.

FAINE. C'est le fruit du hêtre ; il est défendu aux adjudicataires d'abattre ou d'emporter les faînes et autres fruits ou productions des forêts, sous peine d'une amende double de celle qui est infligée pour les extractions (144, *Cod.*). *Voyez* Extractions et Bruyères.

FAITE. C'est la houppe, la tête ou la partie supérieure d'un arbre. *Voyez* Éhoupper.

FAIX. Charge d'un homme. *Voyez* Bruyères, Glands.

FASCINES, Fascinages. Espèces de fagots de menus bois qui sont beaucoup plus longs que des fagots ordinaires. Ils servent aux travaux du Rhin. *Voyez* ces mots.

FAYANT. Nom qu'on donne au hêtre en certains départements. *Voyez* Hêtre.

FER chaud. *Voyez* Porcs, Marques, Bestiaux, Marques spéciales.

FERMES. Métairies, biens ruraux appelés cabanes en quelques lieux; elles se composent de maisons, terres, prés, champs, vignes, réunis en corps de domaines. Aucune construction de maisons ou fermes ne peut être effectuée sans l'autorisation du gouvernement, à la distance de 500 mètres des bois et forêts soumis au régime forestier, à peine de démolition. Cependant, si dans le délai de six mois de la demande en autorisation de construire des fermes, il n'y a point été statué, les constructions pourront être effectuées. Les fermes actuellement existantes sont exceptées de cette autorisation. De même on en dispense les constructions qui peuvent être faites dans les bois et forêts des communes qui ne sont pas d'une contenance de 250 hectares (153, *Cod.; Ord.*).

Nul ne peut établir dans les maisons et fermes existantes ou autorisées, dans la distance ci-dessus énoncée, aucun atelier à façonner le bois, chantier ou magasin pour en faire le commerce, sous peine d'amende et de la confiscation des bois, s'il n'en a obtenu une permission spéciale du gouvernement, permission qui pourra être retirée à celui qui aura subi une condamnation pour délit forestier (154, *ibid.*).

Les maisons et usines qui font partie des villes, villages ou hameaux, formant une population agglomérée, ne sont pas comprises dans les dispositions qui précèdent (156, *ibid.*). *Voyez* Usine. Les demandes à fin d'autorisation pour construire des fermes ou maisons, sont remises à l'agent forestier supérieur de l'arrondissement, en double minute, dont l'une revêtue du *visa* de cet agent, est rendue au déclarant (178).

FEU. Élément aussi utile qu'il est redoutable et terrible : il est défendu de porter ou allumer du feu dans l'intérieur et à la distance de 200 mètres des bois et forêts, sous peine d'une amende de 20 à 100 francs, sans préjudice, en cas d'incendie, des peines portées par le Code pénal, et de tous dommages-intérêts, s'il y a lieu (148, *Cod.*). *Voyez* Usagers, Partage par feu, Marques.

FEUILLAGES. Ce sont les feuilles qui garnissent les branches de l'arbre et qui en sont l'ornement. Il n'est pas permis de ramasser et emporter les feuilles tombées sur le sol des forêts, à peine de contravention. *Voyez* BRUYÈRES, GLANDS.

FIGUIER. Arbre à fruit, peu élevé, de la première classe (192, *Cod.*).

FLACHEUX. Bois qui ne peut recevoir qu'un équarrissage imparfait, parcequ'il n'est pas bien carré ou peu facile à toiser. *Voyez* ÉQUARRI, ÉQUARRISSAGE.

FLOTTÉ. Bois qui a été transporté sur l'eau, suivant le cours des rivières et sans bateaux.

FOLLE ENCHÈRE. Mise à prix ou enchère faite sur une coupe ou vente de bois ou autre objet qui a déjà été adjugé, mais dont l'adjudicataire n'a pas payé le prix; cette enchère est nommée folle, pour indiquer que celle qui a déterminé l'adjudication, a été mise au-dessus de la valeur de la chose, ou que l'adjudicataire a agi sans avoir les moyens de remplir ses engagements. Le seul défaut de fournir les cautions exigées par le cahier des charges, donne lieu à la revente par folle enchère (24, *Cod.*).

FORCE PUBLIQUE. C'est la force-armée, ou l'ensemble des corps organisés et armés pour le maintien du bon ordre, de la paix publique, des droits et de la sûreté des particuliers, et pour faire exécuter les lois, les ordonnances et jugements. Les agents et les gardes de l'administration, ont le droit de requérir directement la force publique pour la répression des délits et contraventions, pour la recherche et saisie des bois coupés en délit, vendus ou achetés en fraude (164).

FORESTIER. On nomme ainsi tout ce qui tient au régime forestier, soit par rapport aux choses, soit par rapport aux personnes. Ainsi on dit: agent forestier, garde forestier, élève forestier, code forestier, délit forestier, etc.

FORÊTS. Ce sont de grandes étendues de terrains, couvertes de bois de haute futaie, à la différence des taillis, qui ne sont plantés en général que de bois moins élevés propres à être coupés périodiquement. On appelle cependant forêts aménagées, celles où l'on a établi le régime forestier et le système de l'aménagement. Ces espèces de forêts ne se composent alors que de bois taillis accru sur les coupes ou souches des futaies. *Voyez* AMÉNAGEMENT et TAILLIS. Quiconque est trouvé dans les bois et forêts hors des routes et chemins ordinaires avec serpes, cognées, haches, scies ou autres instruments de même nature, est passible d'une amende de 10 francs, et de la confiscation desdits instruments (146, *Cod.*).

Ceux dont les voitures, bestiaux, animaux de charge ou de monture, sont trouvés dans les forêts hors des routes et chemins ordinaires, sont condamnés, savoir, pour chaque voiture, à une amende de 10 francs pour les bois de dix ans et au-dessus, de 20 francs pour les bois au-dessous de cet âge, et par chaque tête ou espèce de bestiaux non attelés, aux amendes fixées pour le délit de pâturage. *Voyez* le détail de ces amendes *verbo* CONTRAVENTION. Le tout sans préjudice des dommages-intérêts (147, *ibid.*).

FORGES. Ce sont de vastes fourneaux où l'on fond le fer que l'on tire des mines pour le réduire en gueuses. Tout propriétaire ou fermier de forges ou fourneaux ne peut exercer un emploi forestier dans l'étendue de la conservation où il fait ses approvisionnements de bois (32, *Ordonn.*).

FORT. Lieu le plus fourré, le plus épais d'un bois ou d'une forêt.

FOSSES A CHARBON ou FAULDES. Excavations, profondeurs, larges trous que l'on pratique dans la terre pour y convertir, par l'action d'un feu lent, des bois en charbon. Les agents forestiers indiquent par écrit, aux adjudicataires, les lieux où il peut être établi des fosses ou fourneaux pour charbon, des loges ou des ateliers; mais il n'en peut être placé ailleurs sous peine contre l'adjudicataire, d'une amende de 50 fr., pour chaque fosse ou fourneau, loge ou atelier établi en contravention (38, *Cod.*).

FOSSÉS. Clôtures des bois et forêts, en forme de tranchées, plus ou moins profondes. Le jet de ces tranchées qui élève la clôture et la fortifie, est ordinairement la marque de la propriété du fossé, c'est-à-dire que le fossé est présumé faire partie du terrain sur lequel est placé le jet. Les adjudicataires sont tenus de réparer les fossés dépendant de leurs coupes selon et dans le temps prescrit par le cahier des charges. Il peut être fait à frais communs, entre les usagers et l'administration, des fossés larges et profonds, pour empêcher les bestiaux des usagers de s'introduire dans les taillis non défensables, qu'ils sont obligés de traverser pour aller au pâturage ou au panage (71).

FOUÉE. Est une espèce de fagot de menu bois. L'amende pour coupe et enlèvement de bois qui n'ont pas deux décimètres de tour, est de 2 fr. par fouée (194, *ibid.*).

FOUILLE DE TERRAIN. Action de les sonder, pénétrer, creuser, remuer ou bouleverser. Autrement : travail que l'on fait dans le sein de la terre. *Voyez* EXTRACTION.

FOUILLETAGE. Manière de couper le bois en diverses con-
trées.

FOUR a chaux ou a platre. Construction en terre, ou
hors de terre, formée communément en rond, voûtée, et ouverte par le haut, où l'on fait cuire les pierres propres à être
converties en chaux ou en plâtre, etc. On ne peut en établir
sans autorisation du gouvernement. *Voyez* BRIQUETERIE.

FOURNEAUX. Il en est de plusieurs sortes dans les arts,
les sciences et l'agriculture. *Voyez* FORGES, FOSSES A CHAR-
BON.

FOURRIÈRE. Lieu où l'on dépose les bestiaux saisis en
délit. *Voyez* BESTIAUX.

FRAIS de délimitation. Ce sont ceux qui ont lieu pour dé-
limiter ou établir les limites séparatives des bois et forêts soumis au régime forestier, d'avec les propriétés limitrophes ou
riveraines.

Ces frais, ainsi que ceux d'arpentage et de garde, sont
supportés par le domaine et les copropriétaires, chacun dans
la proportion de ses droits (115, *Cod.*). L'état des frais de
délimitation et de bornage, dressé par le conservateur et visé
par le préfet, est remis au receveur de la commune ou de l'é-
tablissement propriétaire, qui perçoit le montant des sommes mises à la charge des riverains, et en cas de refus en
poursuit le paiement par toutes les voies de droit, au profit et pour le compte de ceux à qui ces frais sont dus (133,
Ordonn.).

FRANC. C'est l'opposé de sauvageon. Un arbre franc est
greffé ou venu de greffes. *Voyez* GREFFE.

FRAUDE. Infidélité, abus, tromperie, ou artifice frauduleux. Dans tous les cas où les ventes et adjudications sont
déclarées nulles pour cause de fraude ou de collusion, l'acquéreur, ou adjudicataire, indépendamment des amendes
et dommages-intérêts prononcés contre lui, est condamné à
restituer les bois déjà exploités, ou à en payer la valeur sur le
pied du prix d'adjudication (205, *Cod.*).

FRÊNE. Arbre de première classe qui vient bien en futaie;
son bois, dur, blanc, veiné, est propre au charronnage et à
la menuiserie. *Voyez* ENLÈVEMENT DE BOIS DE DÉLIT.

FRUITIERS. Qualité qui distingue les arbres à fruits. *Voyez*
ARBRE.

FUSAIN ou FUSIN. Arbrisseau qui ne croît ordinairement
qu'à la hauteur de quatre à six pieds. On le convertit en charbon pour le dessin.

FUSCET. Arbrisseau qui croît dans les pays chauds, tels que le midi de la France. Il doit être abattu dans le nettoiement des coupes.

FUSIL. Arme offensive de chasse et de guerre. Les gardes forestiers à pied ou à cheval sont autorisés à porter un fusil simple, pour leur défense, lorsqu'ils font leurs tournées dans les forêts (3o. *Ordonn.*).

FUTAIE. Grand arbre venu de semence ou de plant, ou que l'on a laissé croître sur souche, dans les coupes ordinaires ou extraordinaires. Il fait partie du sol où il végète et n'appartient pas à l'usufruitier. Les bois futaies appartenant à l'État, aux apanages, aux communes, aux établissements publics, sont soumis au régime forestier (9o, *Cod.*). C'est sur les arbres futaies en essence de chêne que la marine exerce le droit de choix et de martelage pour les constructions navales (124, *ibid.*).

G.

GARDES FORESTIERS. Agents, fonctionnaires, ou employés de l'administration forestière. Ils se divisent en gardes généraux, gardes à cheval et à pied. Nous en parlerons spécialement dans des articles particuliers, mais dans celui-ci, il suffira de rapporter les principaux devoirs, fonctions et droits qui leur sont communs. Les gardes forestiers étant au moins au nombre de deux, font des visites et perquisitions dans les usines, hangars et autres établissements autorisés, sans l'assistance d'un officier public. Un seul garde forestier, assisté de deux témoins, peut même faire de semblables visites (157, *ibid.*). Le garde forestier du canton reconnaît et marque de son marteau, les arbres, billots ou troncs destinés à être travaillés dans les scieries (158). Tous gardes forestiers, agents ou arpenteurs, recherchent et constatent par procès-verbaux les délits forestiers; savoir, les agents et arpenteurs dans toute l'étendue du territoire pour lequel ils sont commissionnés, et les gardes dans l'arrondissement du tribunal près duquel ils sont assermentés. (16o, *ibid.*). Les gardes saisissent les bestiaux trouvés en délit, les instruments, voitures et attelages des délinquants, et ils les mettent en séquestre; ils suivent les objets enlevés par les délinquants jusque dans les lieux où ils ont été transportés, et les mettent également en séquestre. Ils ne peuvent néanmoins s'introduire dans les maisons et bâtiments, cours adjacentes et enclos, qu'en présence du juge de paix ou de son suppléant, ou du maire du lieu, ou de son adjoint, ou du commissaire de police (161, *ibid.*). Les gardes forestiers arrêtent et conduisent directement devant le juge de paix, ou devant le maire, tout inconnu qu'ils surprennent en flagrant délit (163). Ils peuvent requérir la force publique pour la répression des délits forestiers et pour la saisie des bois coupés en délit, vendus ou achetés en fraude (164). Les gardes écrivent eux-mêmes leurs procès-verbaux, ils les signent et les affirment au plus tard le lendemain de la clôture (165). *Voyez* à cet égard, pour complément, PROCÈS-VERBAUX DE DÉLITS et CONTRAVENTIONS. Les gardes de l'administration forestière, dans les actions et poursuites exercées en son nom, font toutes citations et significations d'exploits, sans pouvoir néanmoins procéder aux saisies-exécutions (173, *Cod.*). Les gardes forestiers résident dans le voisinage des forêts ou triages confiés à leur surveillance. Le lieu de leur résidence est indiqué par le conservateur (25). Ces gardes tiennent un registre d'ordre, coté et paraphé par le sous-préfet de l'arrondissement. Ils y transcrivent régulièrement leurs procès-verbaux, par ordre de dates; ils signent cet enregistrement et inscrivent en marge de chaque procès-verbal le *folio* du registre où il se trouve transcrit. Ils font mention, sur le même registre et dans le même ordre, de toutes les citations et significations dont ils ont été chargés; ils y font également mention des chablis et des bois de délit qu'ils ont reconnus, et en donnent avis, sans délai, à leur supérieur immédiat. A chaque mutation, les gardes remettent ces registres à leurs successeurs (26,*ibid.*). Dans l'exercice de leurs fonctions, ils sont toujours revêtus de leurs uniformes ou des marques distinctives de leurs grades (34); ils ne peuvent rien exiger ni recevoir, sous aucun prétexte, des communes, des établissements publics ou des particuliers pour les opérations qu'ils ont faites, à raison de leurs fonctions (35). Ils sont pourvus chacun d'un marteau particulier, dont la direction générale détermine la forme, l'empreinte et l'emploi, et dont chacun d'eux dépose l'empreinte au greffe des cours et tribunaux (37, *Ordonn.*). Enfin les gardes forestiers sont responsables des délits et dégâts commis dans leurs triages lorsqu'ils ne les ont pas constatés (6, *ibid.*). *Voyez* EMPREINTE, DESTITUTION, AGENT FORESTIER, INCAPACITÉ.

GARDES GÉNÉRAUX. Sont ceux du grade immédiatement supérieur aux gardes à cheval et à pied, sur lesquels ils exer-

cent certaine surveillance ; mais ils constatent comme ceux-ci
les délits et contraventions. Les gardes _généraux ont rem-
placé les maîtres gardes ou sur-gardes, ou sergents dange-
reux, qui existaient avant l'ordonnance de 1669 ; ils furent
créés en titre d'office, au mois de novembre de la même année ; maintenant ils sont nommés et révoqués par le directeur
général (11, *Ordonn.*). Les procès-verbaux dressés par les
gardes généraux ne sont point sujets à affirmation (166,
Cod). Nul ne peut être nommé garde général, si préalablement il n'a fait partie de l'école forestière, ou s'il n'a exercé
pendant deux ans au moins les fonctions de garde à cheval
(35, *Ordonn*.). *Voyez* Uniforme et Gardes forestiers.

GARDES A CHEVAL. Ce sont ceux qui font leurs tournées ou exercices, à cheval, dans les arrondissements ou cantons qui leur sont affectés; ils sont, comme les gardes à
pied, chargés spécialement de faire des visites journalières
dans les bois soumis au régime forestier, et de dresser procès-verbal de tous les délits et contraventions qui y sont
commis (24, *Ordonn.*). Ils sont nommés et révoqués par le
directeur général, et leurs procès-verbaux ne sont point sujets à l'affirmation (166, *Cod.*). *Voyez* Procès-verbaux. Les
gardes à cheval adressent leurs rapports à leurs chefs immé-
diats, et leur remettent leurs procès-verbaux en forme (27,
ibid.). Indépendamment des fonctions communes aux gardes à cheval et aux gardes à pied, le directeur général peut
attribuer aux gardes à cheval des fonctions de surveillance
immédiate sur les gardes à pied (28). L'uniforme des gardes
à cheval est l'habit, le pantalon et le gilet de drap vert. L'habit a sur le collet une broderie semblable à celle des élèves
de l'école forestière ; ils portent un fusil et une bandoulière chamois avec des bandes de drap vert, et au milieu,
une plaque de métal blanc portant ces mots, Forêts royales,
avec une fleur de lis (29, 30, *ibid.*). Il leur est interdit de
faire aucun commerce de bois, ni d'exercer aucune industrie
où le bois est employé, à peine de révocation (31) ; ils doivent être revêtus de leurs uniformes ou des marques distinc-
tiv'es de leurs grades, dans l'exercice de leurs fonctions (34).
C est dans les écoles secondaires que ceux qui se destinent
aux fonctions de gardes reçoivent l'enseignement convenable (34, *ibid.*). *Voyez* Gardes forestiers, Procès-verbaux.

GARDES a pied. Préposés inférieurs de l'administration
forestière, qui sont nommés et révoqués par le directeur général (11, *Ordonn*.). Ils exercent en général les mêmes fonc-

tions que les gardes à cheval, et remplissent les mêmes devoirs. Aussi, presque tout ce qui a été dit dans l'article précédent leur est applicable. *Voyez* cet article, avec ceux GAR-DES FORESTIERS et PROCÈS-VERBAUX.

GARDES DES COMMUNES. Préposés qui sont destinés à la conservation des bois des communes, à rechercher et constater les délits et contraventions qui s'y commettent. Le nombre et le choix de ces gardes est fait par le maire, sauf l'approbation du conseil municipal. En cas de dissentiment, le préfet prononce. Le choix de ces gardes doit être approuvé par l'administration forestière, qui délivre leur commission (95 , *ibid.*). A défaut par les communes de faire choix d'un garde dans le mois de la vacance de l'emploi, le préfet y pourvoit sur la demande de l'administration forestière. Si cette administration et les communes ou les établissements publics jugent convenable de confier à un même individu la garde d'un canton de bois appartenant à des communes ou établissements publics, et d'un canton de bois de l'État, la nomination des gardes appartient à cette administration seule. Son salaire est payé proportionnellement par chacune des parties intéressées (96 , *ibid.*). Les gardes des bois des communes sont en tout assimilés aux gardes des bois de l'État, et soumis à l'autorité des mêmes agents ; ils prêtent serment dans les mêmes formes, et leurs procès-verbaux font également foi en justice pour constater les délits et contraventions commis, même dans des bois soumis au régime forestier, autres que ceux dont la garde leur est confiée (99 , *ibid.*). *Voyez*, pour éviter des répétitions, GARDES FORESTIERS, GARDES A CHEVAL, PROCÈS-VERBAUX DE DÉLITS ET CONTRAVENTIONS , SERMENT.

GARDES DES BOIS DES ÉTABLISSEMENTS PUBLICS. Ce sont des préposés tels que ceux des bois des communes ; ils sont nommés par les administrateurs de ces établissements, et agréés par l'administration forestière, qui leur délivre leurs commissions. Tout ce qui est dit au précédent article s'applique ici. *Voyez-le*, avec les mots GARDES FORESTIERS , GARDES A CHEVAL, PROCÈS-VERBAUX , SERMENT.

GARDES DES BOIS DE LA COURONNE. Ces préposés sont en tout assimilés aux gardes de l'administration forestière, tant pour l'exercice de leurs fonctions, que pour la poursuite des délits et contraventions. Ainsi , *voyez* les différents articles GARDES.

GARDES DES PARTICULIERS. Préposés nommés par les propriétaires de bois et forêts, afin de garder ces propriétés. Ceux qui veulent avoir des gardes particuliers, doivent les faire agréer par le sous-préfet de l'arrondissement, sauf le recours au préfet en cas de refus.

Ces gardes ne peuvent exercer leurs fonctions qu'après avoir prêté serment devant le tribunal de première instance (117, *Cod.*); mais ils ne sont admis à ce serment qu'après que leurs commissions ont été visées par le sous-préfet de l'arrondissement. Si le sous-préfet croit devoir refuser son visa, il en rend compte au préfet, ainsi que des motifs de son refus. Les commissions de ces gardes sont enregistrées à la sous-préfecture, sur un registre où sont relatés les noms et demeures des propriétaires et des gardes, ainsi que la désignation et la situation des bois (150, *Ordonn.*).

GARDE-VENTE. C'est le facteur ou préposé de l'adjudicataire, nommé pour veiller à ses intérêts depuis l'adjudication jusqu'au nettoiement des coupes. Chaque adjudicataire est tenu d'avoir un garde-vente, qui est agréé par l'agent forestier local et assermenté devant le juge de paix. Ce garde-vente est autorisé à dresser des procès-verbaux, tant dans la vente qu'à l'ouïe de la cognée, des délits et contraventions dont il a connaissance, et ces procès-verbaux sont soumis aux mêmes formalités que ceux des gardes forestiers. Ils font foi jusqu'à la preuve contraire (31, *Cod.*). Les garde-ventes ne peuvent allumer du feu ailleurs que dans leurs loges et ateliers, à peine d'une amende de 10 à 100 fr., sans préjudice du dommage qui pourrait résulter de la contravention (42, *ibid.*). Enfin les garde-ventes tiennent un registre sur papier timbré, coté par l'agent forestier, sur lequel ils inscrivent jour par jour, et sans lacune, la mesure et la quantité des bois qu'ils ont débités et vendus, ainsi que les noms des personnes auxquelles ils les ont livrés (94, *ibid.*).

GAUCHE. Bois mal équarri, qui n'est pas droit.

GAZON. Terre couverte d'herbes courtes, fines ou menues; on l'appelle aussi pelouse. Tout enlèvement de gazon dans les bois et forêts est puni d'une amende graduée suivant les charges ou charretées enlevées. *Voyez* BRUYÈRES.

GÉLIF. On appelle ainsi les arbres qui sont détériorés par la gelée.

GENÊT. Petit arbrisseau qui croît à la hauteur de trois ou quatre pieds. Il en est de plusieurs espèces, qui toutes sont réputées mort-bois. L'enlèvement du genêt dans les bois et forêts est puni de la même manière que celui des Bruyères. *Voyez* ce mot.

GENÉVRIER. Arbrisseau qui croît dans les terres sèches ou incultes.

GÉOMÉTRIE élémentaire. Est celle qui se borne à reconnaître les propriétés des lignes droites, des lignes circulaires, des figures et des solides les plus simples. Les candidats ou aspirants sont interrogés, dans l'école royale forestière, sur la géométrie élémentaire (45, *Ordonn.*).

GISANT. *Voyez* Bois mort, sec et gisant.

GLAND. Fruit du chêne. Il est défendu aux adjudicataires d'abattre, de ramasser ou d'emporter le gland, à peine de l'amende indiquée *verbo* Adjudicataires.

GLANDÉE. C'est la récolte du gland, ou le droit de mettre des porcs dans les bois, pour se nourrir du gland. C'est encore le droit de panage. La glandée est mise en adjudication de la même manière que les coupes de bois. *Voyez* Adjudication. La durée de la glandée et du panage ne peut excéder trois mois. L'époque de l'ouverture en est fixée chaque année par l'administration forestière (66, *Cod.*). Les conservateurs font reconnaître chaque année, par les agents forestiers locaux, les cantons des bois et forêts où des adjudications de glandée, panage et paisson, peuvent avoir lieu sans nuire à la conservation et au repeuplement des forêts ; ils autorisent en conséquence ces adjudications (100, *Ordonn.*). *Voyez*, pour complément, Rachat, Usage, Usager.

GREFFE. Portion d'une plante, d'un arbre à fruit, qu'on introduit dans une plante ou arbre entier, au moyen d'une légère fente, afin de changer l'espèce du sujet greffé. La greffe doit toujours avoir au moins un bourgeon ou bouton de l'espèce que l'on veut multiplier. *Voyez* Franc.

GRIFFAGE. Empreinte d'une griffe ou marque de fer dont on frappe les baliveaux de l'âge des taillis, lorsqu'ils sont trop faibles pour recevoir l'empreinte du marteau royal. Il est fait mention de ce griffage dans les procès-verbaux d'adjudication (79, *Cod.*).

GRUAGE. On nomme ainsi l'action de mesurer les bois pour les exploiter et les vendre.

GRUME. On appelle bois en grume celui qui, abattu, est cependant encore entier, couvert de ses écorces, sans équarrissage.

H.

HACHE. Instrument de fer, imitant la cognée, dont on se sert pour couper le bois. Les haches dont on s'est servi pour équarrir les arbres marqués pour la marine, sont confiscables, dans le cas où l'équarrissage a lieu avant la livraison de ces arbres (133 ; *Cod.*). Il en est de même de ces instruments dont les délinquants sont trouvés nantis dans les forêts (146, *Cod.*). Enfin, il en est ainsi dans le cas d'enlèvement de bois frauduleusement fait (197).

HAIES. On les distingue en vives et mortes. Les premières sont des clôtures formées de petits arbres, arbrisseaux ou mort-bois, tels que les épines, ronces, genêts, etc. ; les secondes sont faites avec des branches d'arbres coupées, entrelacées et piquées en terre. *Voyez* Fossés.

HAMEAU. Petit village qui est une annexe ou dépendance d'un autre plus considérable. *Voyez* Enceinte, Usine.

HANGAR. Espèce de remise ouverte par-devant, destinée pour y déposer des chariots et charrettes, ou des bois et des matériaux ; il ne peut en être établi dans l'enceinte, et à moins d'un kilomètre des forêts, sans l'autorisation du gouvernement, à peine d'une amende de 50 francs et de la démolition (152 , *Cod.*).

HAUTE FUTAIE. *Voyez* Futaie.

HERBAGES. Lieux où il croît beaucoup d'herbes. Les herbes elles-mêmes se nomment aussi herbages. Tout enlèvement d'herbages dans les forêts est une contravention punie de la même amende qui est appliquée aux enlèvements de bruyères. *Voyez* ce mot.

HÊTRES. C'est un grand arbre de la première classe, dont le bois est blanc et dur ; il produit la faîne (192, *ibid.*).

HOMOLOGUER. Action d'approuver, de confirmer. Le procès-verbal de délimitation des forêts doit être homologué par le gouvernement (11 , *ibid.*).

HOUILLE, Houssières. Endroits des forêts où il n'y a que des arbrisseaux et broussailles, comme des bruyères et autres.

HOUPPE. Tête de l'arbre. *Voyez* Faîte, Éhoupper.

HOUX. Arbrisseau toujours vert, dont les feuilles sont armées de pointes très piquantes. On le distingue en grand et petit houx.

I.

ÎLES du rhin. Terres entourées par les eaux du fleuve de ce nom. Tous particuliers propriétaires de bois taillis dans les îles, sur les rives et à une distance de cinq kilomètres des bords du Rhin, sont tenus de faire trois mois d'avance, à la sous-préfecture, une déclaration des coupes qu'ils se proposent d'exploiter. Si, dans le délai de trois mois, les bois ne sont pas requis, le propriétaire peut en disposer. A défaut de faire cette déclaration, le propriétaire qui effectue la coupe de ses bois, excepté pour des besoins urgents, est condamné à une amende de 1 franc par are de bois exploité. L'amende est de 4 francs contre celui qui, après la réquisition de ses bois, dûment notifiée, les détourne de la destination requise. *Voyez*, pour complément et pour éviter des redites, Bois des particuliers, Exploitation des coupes, et Travaux du Rhin.

INCAPACITÉ. Défaut de capacité ou de droits, insuffisance. Les agents et gardes forestiers et les agents de la marine sont déclarés incapables de prendre part aux ventes et adjudications de coupes de bois (21, *Cod.*). *Voyez* Agents forestiers, Gardes forestiers. Cette incapacité est commune aux fonctionnaires qui procèdent aux ventes, aux maires, adjoints, receveurs des communes, administrateurs des établissements publics, pour les bois dont l'administration leur est confiée. En cas de contravention, ils sont passibles d'une amende de 300 à 6000 francs, sans préjudice des dommages-intérêts; et les ventes sont déclarées nulles (101, *Cod.*).

INDEMNITÉ. Dédommagement, réparation pécuniaire d'un dommage, d'un préjudice. Les adjudicataires qui obtiennent de la direction générale des prorogations du délai de coupe ou de la vidange, doivent une indemnité, qu'ils se soumettent d'avance à payer, d'après le prix de la feuille et le dommage qui résulte du retard de la coupe ou de la vidange (96, *Ord.*). *Voyez* Bois des communes.

INDEMNITÉ du gouvernement. C'est une somme égale au montant des frais d'administration des bois des communes ou des établissements publics, qui est ajoutée annuellement à la contribution foncière établie sur les bois pour indemniser le gouvernement de son administration. D'après cette indemnité, toutes les opérations de conservation et de régie du gouvernement sont faites sans aucune rétribution dans les bois des communes et des établissements publics , par les agents forestiers (106 , 107 , *Cod.*).

INDUSTRIE. Adresse, savoir-faire , travail. Il est interdit aux agents et gardes forestiers d'exercer aucune industrie où le bois est employé comme matière principale (31, *Ord.*).

INGÉNIEURS des ponts·et chaussées. Officiers mathématiciens qui exécutent des ouvrages d'art , tels que les ponts, les écluses , les chaussées , les canaux, et autres ouvrages hydrauliques. *Voyez* Extractions, Travaux du rhin.

INSCRIPTION de faux. Déclaration par laquelle on maintient un acte faux , en demandant de faire les poursuites qui sont prescrites pour en prouver la falsification ou l'altération. Les procès-verbaux des agents et gardes forestiers font foi jusqu'à inscription de faux (176, 177, 178, *Cod.*).

Le prévenu qui veut s'inscrire en faux contre un procès-verbal , est tenu d'en faire par écrit et en personne , ou par un fondé de pouvoir spécial , par acte notarié , la déclaration au greffe du tribunal, avant l'audience indiquée par la citation. Cette déclaration est reçue par le greffier du tribunal , et signée par le prévenu ou son fondé de pouvoir ; et dans le cas où il ne pourrait ou ne saurait signer , il en est fait mention expresse. Au jour indiqué pour l'audience , le tribunal donne acte de la déclaration , fixe un délai de trois jours au moins et de huit jours au plus , pendant lequel le prévenu est tenu de faire au greffe le dépôt des moyens de faux , et des noms, qualités et demeures des témoins qu'il voudra faire entendre. À l'expiration de ce délai , et sans qu'il soit besoin d'une citation nouvelle , le tribunal admet les moyens de faux, s'ils sont de nature à détruire l'effet du procès-verbal , et il est procédé sur le faux conformément aux lois. Dans le cas contraire , ou faute par le prévenu d'avoir rempli les formalités ci-dessus , le tribunal rejette les moyens de faux , et ordonne qu'il soit passé outre au jugement (179, *ibid.*). Le prévenu contre lequel a été rendu un jugement par défaut, est encore admissible à faire sa déclaration d'inscription de faux , pendant le temps qui lui est accordé par la loi pour se présenter à l'audience sur l'opposition par lui formée (180 , *Cod.*). Lorsqu'un procès-verbal est rédigé contre plusieurs prévenus, et qu'un , ou quelques uns d'entre eux seulement, s'inscrivent en faux , le procès-verbal continue de faire foi à l'égard des autres , à moins que le fait sur lequel porte l'inscription de faux soit indivisible et commun aux autres prévenus (181, *ibid.*).

INSOLVABLE. C'est celui qui ne peut payer ou remplir ses engagements, et qui n'a pas de moyens pour en répondre. *Voyez* CONDAMNÉS.

INSPECTEURS. Agents supérieurs de l'administration forestière, qui sont subordonnés néanmoins aux conservateurs. Ils font, ou font faire, suivant l'ordre hiérarchique, les opérations, vérifications et tournées qui leur sont prescrites; ils surveillent le service des autres agents et gardes, et leur transmettent des instructions; ils peuvent même faire suppléer, en cas d'empêchements, les employés sous leurs ordres, à la charge d'en rendre compte de suite à leur supérieur immédiat (14, *ibid.*). Ils correspondent avec les conservateurs (15), et tiennent des registres dont la direction générale détermine le nombre et la destination, et sur lesquels ils inscrivent, par ordre de dates, les ordonnances et ordres de services qui leur sont transmis, leurs diverses opérations, leurs procès-verbaux, et les déclarations qui leur sont remises. Ils font coter et parapher leurs registres par le préfet ou sous-préfet du lieu de leur résidence. Au nombre de ces registres il en est un spécial sur lequel ils annotent sommairement, par ordre de réceptions, les procès-verbaux qui leur sont remis par les gardes, et indiquent en regard le résultat des poursuites et la date des changements auxquels les procès-verbaux ont donné lieu (16). Les inspecteurs sont responsables des titres, plans et actes dont ils sont dépositaires, en vertu de leurs fonctions; il en est dressé, ainsi que des registres, à chaque mutation d'emploi, un inventaire double (17). *Voyez* UNIFORME.

INSPECTION. C'est une subdivision territoriale d'une conservation forestière. Le nombre et les circonscriptions des inspections sont fixés par le ministre des finances (10, *Ordon.*).

IPRÉAUX. Orme d'une qualité particulière qui se distingue par ses larges feuilles. Il est de la première classe des arbres (192, *Cod.*).

J.

JARDINAGE ou EN JARDINANT. *Voyez* COUPES EN JARDINANT, ÉCLAIRCIES.

JAVELLE. Botte ou tas d'échalas liés ensemble, contenant cinquante brins.

JUGEMENT. Expression générique qui qualifie toute décision judiciaire rendue dans les causes, instances ou procès. Cependant le mot jugement s'applique particulièrement aux décisions des juges inférieurs, et l'on nomme arrêts les décisions des cours. *Voyez* APPEL, EXÉCUTION DES JUGEMENTS.

JUGES. Magistrats qui siègent dans les cours et tribunaux, et qui rendent la justice au nom du roi. Ceux des tribunaux de première instance ne peuvent, ainsi que les officiers du ministère public et les greffiers, prendre part, directement ou indirectement, aux ventes de bois, dans tout l'arrondissement de leur ressort, à peine de nullité de la vente, et de dommages-intérêts s'il y a lieu (21, *Cod.*, § 3).

JUGES DE PAIX. Magistrats d'exception qui ont des attributions spéciales et extraordinaires en matières civiles et criminelles, contentieuses et non contentieuses ou extrajudiciaires. Ces juges reçoivent les affirmations des procès-verbaux dressés par les gardes forestiers (165, *Cod.*); ils sont tenus d'assister, lorsqu'ils en sont requis, les agents et gardes, dans les perquisitions et saisies qu'ils font ou peuvent faire dans les maisons habitées et autres bâtiments, cours adjacentes et enclos; ils signent les procès-verbaux de séquestre ou de perquisition, sinon, et en cas de refus, il en est fait mention par les agents ou gardes sur leursdits procès-verbaux (162, *ibid.*). Les juges de paix, sur les demandes qui leur en sont faites, peuvent donner mainlevée provisoire des objets saisis, à la charge d'en donner avis à l'agent forestier local (184, *Ordonn.*), et du paiement, par le prévenu, des frais de séquestre, ou de fournir suffisante caution, sur la solvabilité de laquelle ils prononcent (168, *Cod.*). Les juges de paix ordonnent la vente des bestiaux saisis dans les bois et forêts, s'ils ne sont pas réclamés dans les cinq jours qui suivent le séquestre, ou s'il n'est pas fourni une valable caution. Cette vente se fait à l'enchère, au marché voisin, à la diligence du receveur des domaines, qui la fait publier 24 heures à l'avance. Les frais de séquestre et de vente sont taxés par les mêmes juges et prélevés sur le produit de la vente, dont le surplus est déposé entre les mains du receveur de l'enregistrement (169, *ibid.*). Enfin, les juges de paix interrogent les prévenus qui sont pris en flagrant délit forestier, et qui sont conduits devant eux par les gardes (163, *ibid.*). *Voyez*, pour complément, PROCÈS-VERBAL DE CONTRAVENTIONS ET DÉLITS.

JURY. Assemblée, réunion de plusieurs personnes spécialement désignées pour examiner, interroger, décider et juger ce qui est soumis à leur examen. A la fin de chaque année,

un jury composé de trois professeurs et présidé par le directeur général, ou par l'administrateur qu'il aura délégué, procède à l'examen des élèves qui ont fini leurs deux années
d'étude (49, *Ordonn.*).

K.

KILOMÈTRE. Distance de mille mètres, qui répond à
513 toises environ de l'ancienne mesure.

L.

LAIES. Petites routes pratiquées dans les forêts par les
arpenteurs, afin d'y passer leurs chaînes et instruments pour
mesurer les coupes. Ils ne peuvent donner à ces laies plus
d'un mètre de largeur, à peine de révocation. Les bois qui
en proviennent font partie des coupes, ou sont vendus
comme menus marchés (75, *Ordonn.*).

LAIEURS ou LAYEURS. Ouvriers faiseurs de laies. *Voyez*
ce mot.

LAIS. Baliveaux de l'âge de la coupe, que l'on est obligé
de laisser, indépendamment des anciens et des modernes.

LANDES. *Voyez* BRUYÈRES.

LEVÉE DES PLANS. Art de les former, dresser, composer, etc. Cet art est enseigné dans l'école royale forestière
(41, *ibid.*).

LIGNE DE POURTOUR. Est celle qui décrit le tour, le contour ou circuit des corps ou des bois et forêts. Toutes les
fois que celle d'une forêt doit être rectifiée de manière à
abandonner une portion du sol, le procès-verbal énonce
les motifs de la rectification (61, *ibid.*).

LIMITES. Séparations d'un terrain d'avec un autre. Les
bornes, les pieds-corniers et parois servent de limites. *Voyez*,
pour complément, DÉLIMITATION GÉNÉRALE et PROCÈS-VER-
BAL DE DÉLIMITATION.

LISIÈRE. *Voyez* ARBRES DE LISIÈRE.

LIVRAISON DE BOIS. Action de les livrer ou délivrer.
Voyez DÉLIVRANCE.

LOGE. Petite hutte ou cabane grossièrement faite, dans
les bois et forêts, avec des planches ou de simples branches
d'arbres entremêlées de terres ou gazons. Les lieux où sont

6

établies les loges des adjudicataires de coupes, sont indiqués par les agents forestiers, à peine de 50 fr. d'amende pour chaque loge non autorisée ou non indiquée par écrit (38). On ne peut allumer du feu dans les forêts, ailleurs que dans ces loges, à peine d'une amende de 10 à 100 fr., sans préjudice de la réparation du dommage qui peut en résulter. *Voyez* BRIQUETERIE.

LOUPE. Bosse ou gros nœud qui s'élève sur l'écorce des arbres. En d'autres termes, excroissance du bois ou de son écorce.

M.

MAGASIN A BOIS. Lieu clos et fermé destiné à recevoir des bois de construction et autres. Nul ne peut en établir dans les bois et forêts, ni à la distance de cinq cents mètres de leurs limites, sans une autorisation spéciale du gouvernement, à peine de 50 fr. d'amende et de confiscation des bois déposés dans le magasin (154, *Cod.*). Cependant cette prohibition ne s'applique pas aux maisons et usines dépendantes des villes, villages ou hameaux formant une population agglomérée, dans le rayon ci-dessus exprimé (156, *ibid.*).

MAINLEVÉE PROVISOIRE. *Voyez* BESTIAUX, JUGE DE PAIX.

MAIRE. Premier officier administratif d'une commune, ville ou village. Le Code forestier attribue aux maires plusieurs fonctions et opérations. Ils font publier dans les communes usagères l'époque fixée par l'administration pour l'ouverture de la glandée, les cantons qui sont déclarés défensables, et la quantité des bestiaux qui sont admis au pâturage et au panage (69, *Cod.*).

Les maires communiquent au conseil municipal, qui en délibère, les propositions de l'administration forestière pour le rachat des droits d'usage ou pour la conversion en bois, ou pour l'aménagement de terrains en pâturage (90, *ibid.*).

Les maires choisissent les gardes des bois des communes, mais leur choix doit être agréé par l'administration forestière (94, *ibid.*), qui délivre leur commission. Les maires visent les procès-verbaux de martelage des arbres (126); ils assistent les gardes et agents forestiers dans la perquisition et saisie des bois de délits et autres objets, qu'ils font dans les maisons, bâtiments, cours adjacentes et enclos; ils ne peuvent refuser cette assistance et ils doivent signer les procès-verbaux des agents en leur présence, sauf à ceux-ci, en cas de refus, à en faire mention (163). Ils sont chargés aussi de recevoir les affirmations de ces procès-verbaux (165, *ibid.*).

Les maires des communes où doit être affiché l'arrêté destiné à annoncer les opérations relatives à la délimitation générale, sont tenus d'adresser aux préfets des certificats constatant la publication et l'affiche de cet arrêté (60, *Ord.*); ils justifient dans la même forme de la publication de l'arrêté du préfet, qui annonce la résolution royale relativement au procès-verbal de délimitation : il en est ainsi pour l'arrêté du préfet qui appelle les riverains au bornage (65, *ibid*).

Les maires certifient l'apposition des affiches annonçant les adjudications des coupes (84, *ibid.*); ils communiquent aux conseils municipaux, qui en délibèrent, les décisions du ministre des finances approbatives de la proposition d'effectuer le rachat des droits d'usage appartenants aux communes (116, *ibid.*) *Voyez* RACHAT. Les maires ont le droit d'assister à toutes les opérations relatives à la délimitation des bois des communes, conjointement avec l'agent forestier nommé par le préfet (131). *Voyez* BOIS DES COMMUNES.

MAISONS. *Voyez* FERMES, LOGES, HANGARS, MAGASINS.

MAITRE. Agent de la marine chargé particulièrement de choisir et de marteler dans les bois de l'état et des particuliers les arbres propres aux constructions navales. Ce maître a sous lui des contre-maîtres et aides contre-maîtres (134, *Cod.*; 160, *Ordonn.*). *Voyez* DÉPARTEMENT DE LA MARINE.

MAJORAT. Espèce de fidéicommis graduel, successif, perpétuel et indivisible, en vertu duquel des titres ou des biens sont affectés à l'aîné d'une famille (*natu major*).

Le majorat est réversible quand les biens qui le composent doivent retourner à l'État par mutation ou extinction de ligne masculine. Les bois qui dépendent d'un majorat réversible sont soumis au régime forestier quant à la propriété du sol et à l'aménagement (89, *ibid.*).

Toutes les dispositions du Code relatives à l'aménagement ou bornage et à la délimitation des forêts sont applicables à ceux des majorats réversibles (125, *Ordon.*). Des agents forestiers nommés par le conservateur local ou le directeur général font des visites, une fois chaque année, dans les bois et forêts dépendant des majorats réversibles, pour constater s'ils sont régis et administrés conformément aux

dispositions du Code forestier , aux titres constitutifs des apanages ou majorats , et aux procès-verbaux dressés en exécution de ces titres.

Les agents forestiers dressent des procès-verbaux du résultat de leurs visites, et les transmettent au conservateur,
qui les adresse avec ses observations au directeur général
(127 , *ibid.*).

MALVERSATION. Prévarication commise dans l'exercice
d'un emploi, d'une charge, d'une commission spéciale. On
appelle aussi de ce nom les infidélités des comptables, les
concussions ou exactions des administrateurs, percepteurs
et autres.

Les prescriptions de trois et de six mois , en matière de
délits forestiers, ne sont point applicables aux délits et malversations commis par des agents, préposés ou gardes de l'administration forestière dans l'exercice de leurs fonctions : à
l'égard de ces préposés et de leurs complices, les prescriptions sont celles établies par le Code d'instruction criminelle
(186 , *Cod.*).

Les poursuites et les peines prononcées contre les fonctionnaires et agents forestiers pour crime de malversation , con-
cussion ou abus de pouvoir , sont indépendantes des peines
prononcées contre les mêmes, dans certains cas spéciaux,
par le *Code forestier* (207 , § 1er , *Cod.*).

MANOEUVRE. Trame ourdie dans un mauvais dessein,
entreprise secrète. *Voyez* ASSOCIATION.

MANOUVRIER. Synonyme de manœuvre ou d'ouvrier.
Voyez ce dernier mot.

MARINE. *Voyez* DÉPARTEMENT DE LA MARINE.

MARMENTEAUX. Vieux mot qui désigne les arbres de
haute futaie qui bordent les avenues. *Voyez* AVENUES.

MARQUES DISTINCTIVES. Signes d'honneur , insignes
costumes. Les agents et gardes forestiers doivent toujour
être revêtus des marques distinctives de leurs grades dan
l'exercice de leurs fonctions (34 , *Ordonn.*).

MARQUES SPÉCIALES. *Voyez* BESTIAUX , EMPREINTES. Ce
marques s'opèrent au moyen de la pression d'un fer chau
sur les porcs et bestiaux mis au pâturage ou au panage. L'en
preinte de ces marques est déposée au greffe du tribunal
et le fer qui les produit est remis à l'agent forestier loca
à peine de 50 fr. d'amende (55 , *Cod.*). Ce dépôt do
être fait avant l'époque fixée pour l'ouverture du pana
ou du pâturage , sous la même peine. L'agent foresti

local donne acte de ce dépôt à l'usager (121 , *Ordonn.*).

MARRONIER. Autrement c'est le châtaignier. Il est de la première classe des arbres (192, *ibid.*).

MARTEAU ROYAL. Est celui qui est destiné aux opérations de balivage et de martelage. Il est uniforme et déposé dans un étui fermant à deux clefs. *Voyez* BALIVAGE, BALIVEAUX et EMPREINTES.

MARTEAU PARTICULIER. Est celui dont se sert chaque agent forestier, ou chaque adjudicataire de vente.

L'empreinte des marteaux dont les agents et gardes sont pourvus, est déposée aux greffes des tribunaux de première instance dans le ressort desquels ils exercent leurs fonctions (7 , *Cod.*).

Tout adjudicataire est tenu, à peine de 100 francs d'amende, de déposer chez l'agent forestier local, et au greffe du tribunal de l'arrondissement, l'empreinte du marteau dont il veut marquer les arbres et bois de sa vente (32 , *Cod.*). Ce dépôt doit être fait dans dix jours, à dater du permis d'exploiter (95 , *Ordonn.*). L'adjudicataire et ses associés ne peuvent avoir plus d'un marteau pour la même vente, ni marquer d'autres bois que ceux qui proviendront de cette vente, sous peine de 500 fr. d'amende (32 , *ibid.*).

MARTELAGE. Empreinte, marque ou impression qui s'opère sur les arbres, baliveaux, pieds-corniers, etc., soit avec le marteau royal, soit avec les marteaux particuliers des agents forestiers. *Voyez*, pour éviter des répétitions, ARBRES DE RÉSERVE, BALIVEAUX, ADJUDICATAIRES, DÉPARTEMENT DE LA MARINE, DÉCLARATION D'ABATAGE, PROCÈS-VERBAL DE MARTELAGE.

MASSIF. *Voyez* FORT.

MATHÉMATIQUES. Science qui a pour objet les propriétés de la grandeur, autant qu'elle est calculable et mesurable. Dans l'école royale forestière, on applique les mathématiques à la mesure des solides et à la levée des plans (41 , *Ordonn.*).

MÉLÈZE ou MÉLÈSE. Grand arbre résineux qui, à la différence des pins et sapins, perd ses feuilles en automne ; il est de la seconde classe des arbres (192 , *Cod.*).

MÉMOIRE. Il en est de plusieurs sortes, mais il suffit de définir celui qui est connu en législation forestière. C'est un écrit sommaire et cependant circonstancié sur l'état ou l'instruction d'une cause ou instance.

Les agents forestiers dressent, pour le ressort de chaque

tribunal de police correctionnelle , et au commencement de chaque trimestre , un mémoire en triple expédition , des citations et significations faites par les gardes pendant le trimestre précédent ; cet état est rendu exécutoire , visé et ordonnancé conformément au règlement du 28 juin 1811 (186, *Ordonn.*).

MENUS marchés. On appelle ainsi les copeaux, les troncs, branches d'arbres et autres parties de bois inférieurs ou mort-bois , qui se trouvent dans les ventes après leur exploitation. On désigne encore comme menus marchés les bois qui se coupent par perches. Enfin on appelle de même les conventions , accords ou ventes qui se font à l'amiable.

Cependant on ne peut vendre comme menus marchés, sans une autorisation du ministre des finances , les arbres sur pied quoique endommagés , ébranchés , morts ou dépérissants (102 , *Ordonn.*). L'adjudication de ces arbres se fait d'ailleurs dans les mêmes formes que celle des coupes ordinaires de bois (103). Mais on vend comme menus marchés les branchages et copeaux provenant de l'abatage et du façonnage des arbres qui ont été délivrés pour constructions et réparations aux usagers (123 , *Ordonn.*). *Voyez* Délivrance , Construction. On vend aussi comme menus marchés , sur l'autorisation du conservateur, les arbres et portions de bois qu'il faut abattre pour effectuer les extractions permises par le directeur géneral. *Voyez* Extractions.

MERISIER. Arbre à fruit qui produit des cerises fort petites et menues ; il est de la première classe des arbres (192 , *Cod.*).

MERRAINS. Bois façonnés pour servir à la tonnellerie.

MESLIER , autrement dit , néflier. Arbre qui produit les nèfles. Il est de la première espèce des arbres (192, *ibid.*).

MÈTRE. Mesure de longueur qui contient trois pieds et un pouce environ de l'ancienne mesure.

MINE. Endroit souterrain qui contient des métaux ou des minéraux, des pierres précieuses. On appelle à la fois mine, et le sol dont elle se compose et les excavations profondes que l'on fait pour l'exploiter. *Voyez* Minerai.

MINERAI. Métal mêlé ou combiné dans la mine avec des substances étrangères. Les extractions ou enlèvements non autorisés de minerai , dans les forêts et bois soumis au régime forestier , sont punis d'une amende qui varie suivant les quantités enlevées, et dont nous avons donné les gradations *verbo* Bruyères.

MINISTRE des finances. Premier dépositaire de la puissance royale au département des finances, en ce sens qu'il reçoit directement les ordres du roi et qu'il les fait exécuter en son nom.

Le ministre des finances est chargé de hautes et nombreuses attributions par le *Code forestier*. C'est lui qui présente à la nomination de sa majesté, les candidats pour la place de directeur général et pour celles d'administrateur et de conservateur ; il a sous ses ordres tous les agents forestiers principaux ; il détermine les différentes parties de service attribuées aux administrateurs (1 , 4 , 5 , *Ordonn.*). Les délibérations du conseil d'administration sont généralement soumises à son approbation (7 , *ibid.*) ; il statue définitivement sur les décisions du directeur général, contre lesquelles il y a pourvoi ou recours (8 , *ibid.*).

Il fixe et détermine le nombre et l'étendue des inspections et sous-inspections forestières (10) ; il nomme aux places d'inspecteurs et de sous-inspecteurs sur la proposition du directeur général (11) ; il dénonce aux tribunaux, lorsqu'il y a lieu, les inspecteurs et sous-inspecteurs des forêts, ou il autorise leur mise en jugement (39 , *Ordonn.*).

Le ministre des finances nomme les professeurs qui sont attachés à l'école royale forestière (42 , *ibid.*) ; il ordonne la radiation du tableau des élèves, de ceux qui ne suivent pas exactement les cours, ou dont la conduite aura donné lieu à des plaintes graves. Il fixe par un règlement spécial la division des cours, le classement des élèves, l'ordre et les heures des leçons, la police de l'école et les attributions du directeur (52, 53 , *ibid.*) ; il rend compte au roi des motifs qui peuvent déterminer l'homologation ou le refus d'approbation des procès-verbaux de délimitation (62 , *ibid.*). *Voyez* Délimitation générale.

Les conservateurs soumettent chaque année au ministre des finances les états des coupes ordinaires des bois, afin qu'il les approuve (73 , *ibid.*). Enfin, à l'égard des autres attributions du ministre dans la législation forestière, on les trouvera dans les articles et sous leurs noms particuliers.

MINUTE. Original des actes judiciaires et administratifs qui concernent les matières forestières.

MISE en liberté. C'est faire sortir de la prison un détenu ou un prisonnier ou un condamné ; c'est lui rendre la liberté individuelle.

La mise en liberté des condamnés, à la requête ou dans

l'intérêt des particuliers, ne peut être accordée pour cause d'insolvabilité, qu'autant que la validité des cautions ou l'insolvabilité des condamnés aura été, en cas de contestation de la part desdits propriétaires, jugée contradictoirement entre eux (217, *Cod.*). Au surplus, c'est suivant le Code d'instruction criminelle (art. 420), que les condamnés qui réclament leur mise en liberté doivent justifier de leur insolvabilité, après avoir toutefois subi quinze jours de détention (213, *ibid.*).

MODIFICATION DE PEINES. Action d'adoucir, de modifier, de diminuer les peines suivant certaines circonstances; ainsi que le permet l'art. 463 du Code pénal. Mais cette modification n'est pas admise pour les délits forestiers (203, *ibid.*).

MORT-BOIS. On nomme ainsi les arbres de peu de valeur, tels que les aunes, les genêts, les épines, ronces, saules, morsaulx.

MOUTONS. Agneaux auxquels on a fait subir la castration afin qu'ils s'engraissent plus facilement et que leur chair soit plus tendre. Il est défendu d'introduire des moutons dans les bois et forêts, à peine d'amende, malgré tous titres et possessions contraires. *Voyez* CHÈVRES.

MOYENS DE FAUX. Motifs, faits ou preuves, tendant à justifier le faux dont un acte est attaqué. On ne peut les admettre contre un procès-verbal d'agent ou de garde-forestier, que lorsqu'ils sont de nature à détruire cet acte (179, *Cod.*).

MURIER. Arbre fruitier à haute tige; il est de la première classe des arbres (192, *Cod.*).

MUTATION. Changement ou vacance d'emploi, par révocation, démission ou décès. A chaque mutation d'emploi, il est dressé un inventaire en double, des titres, plans, registres et sommiers qui étaient en la possession de l'employé révoqué, démis ou décédé; cet inventaire constitue le nouvel employé responsable, et opère la décharge de son prédécesseur (17, *Ordonn.*).

MUTILÉ. L'arbre mutilé est celui dont on a coupé les branches, l'écorce, ou endommagé gravement quelque autre partie. Les auteurs de la mutilation sont punis de la même manière que s'ils avaient abattu l'arbre par le pied (196, *Cod.*).

N.

NÉFLIER. *Voyez* MESLIER.

NETTOIEMENT DES COUPES. Action de les vider et net-toyer des corps étrangers, des ronces, épines, arbustes ou débris provenant de l'exploitation des coupes.

Toute contravention au cahier des charges, relative au nétoiement des coupes, est punie d'une amende qui ne peut être moins de 5o fr. ni excéder 5oo fr., sans préjudice des dommages-intérêts, dont les adjudicataires peuvent être te-nus, et des frais d'un meilleur nettoiement, qui est fait sur l'au-torisation du préfet, à la diligence de l'agent forestier (41, *ibid.*). *Voyez* ADJUDICATAIRES.

NOISETIER. C'est le coudrier; petit arbre à fruit fort connu. Il est de la première classe.

NOYER. Grand et bel arbre à fruit, dont le bois est aussi utile que son fruit est agréable. Il est de la première classe des arbres (192, *Cod.*).

NULLITÉ. Vice substantiel ou de forme, qui produit la nullité de tous actes et procédures qui en sont atteints. Toute vente de bois, faite autrement que par adjudication, est nulle (18, *Cod.*).

Est nulle aussi, toute vente qui n'a point été précédée de publications et affiches, ou qui a été faite dans d'autres lieux ou à un autre jour que ceux qui ont été indiqués. Enfin, les ventes faites directement ou indirectement en faveur des personnes déclarées incapables sont nulles (21, *ibid.*).

O.

OBIER ou AUBIER. Arbrisseau qui croît sur les terrains aqueux et aux bords des ruisseaux et des rivières. Il est de la deuxième classe des arbres.

OFFICIERS DE POLICE JUDICIAIRE. Ce sont ceux que la loi charge spécialement de rechercher et de constater les crimes et les délits. C'est comme officiers de police judiciaire, que les juges de paix ou leurs suppléants, les maires, les ad-joints et commissaires de police, doivent assister les gardes forestiers dans les visites et perquisitions chez les domiciliés.

Si ces officiers refusent leur assistance aux gardes, ceux-ci en rédigent procès-verbal qu'ils adressent de suite à l'agent forestier , lequel en rend compte au procureur du roi. Il en est de même dans le cas où l'un de ces fonctionnaires aurait refusé ou négligé de recevoir l'affirmation dans le délai prescrit (182 , *Ordonn.*).

OFFRE. Enchère ou mise à prix que les enchérisseurs font lors des ventes de bois. *Voyez* ENCHÈRE.

OLIVIER. Arbre à fleur monopétale qui se plaît dans les pays chauds , et produit un fruit ovale , charnu , toujours vert , que l'on nomme olive. Il est de la première classe des arbres (192 , *Cod.*).

OPPOSITION. Acte ou action de s'opposer. Les riverains des bois et forêts de l'État et autres soumis au régime forestier, ont le droit de former opposition aux délimitations et aux bornages des forêts , s'ils en éprouvent du dommage (13 , *Cod.*). Le délai pour former opposition aux jugements par défaut court du jour qu'un simple extrait en est notifié au condamné (209 , *Cod.*).

Lorsque les propriétaires de bois veulent en opérer le défrichement , l'administration des forêts peut s'y opposer , et il est statué par le préfet sur cette opposition , sauf le recours au ministre des finances (219 , *ibid.*).

ORANGER. Arbre originaire de la Chine , naturalisé dans le midi de la France; il produit des fleurs rosacées à cinq pétales d'une odeur exquise , et un fruit rond aussi agréable à la vue que délicieux au goût. Il est de la première classe des arbres (192, *Cod.*).

ORDONNANCES ROYALES. Elles avaient autrefois le caractère de loi; toutes celles qui ont précédé le Code forestier sur les matières qu'il embrasse , sont abrogées , sans préjudice des droits acquis antérieurement au présent Code (218 , *ibid.*).

ORME. Grand et gros arbre futaie qui est employé dans les constructions , ouvrages d'arts et métiers , et qui est de la première classe des arbres pour la fixation des amendes (192 , *Cod.*). *Voyez* ENLÈVEMENT DE BOIS DE DÉLIT.

ORMEAU. Petit orme.

ORMILLE. Jeunes plants , ou semis d'ormes.

OSERAIE. Lieu planté d'osiers, arbrisseaux généralement connus. Les oseraies riveraines du Rhin peuvent être mises en réquisition pour les fascinages ou endinages sur le Rhin. *Voyez* TRAVAUX DU RHIN.

OUIE DE LA COGNÉE. Son, bruit, retentissement des coups

de la cognée, espace dans lequel ce bruit est censé entendu. Cet espace est fixé à la distance de deux cent cinquante mètres, à partir des limites de la coupe (31, *Cod.*). *Voyez* ADJUDICATAIRE, GARDE-VENTE.

OUTREPASSE. Action d'outrepasser les limites d'une coupe ; se dit de l'abatage qui est fait au-delà de ces limites. *Voyez* PIEDS CORNIERS, RÉCOLEMENTS.

OUVRIERS. Artisans, charpentiers, bûcherons et autres manœuvres qui travaillent pour le compte de l'adjudicataire. Ils ne peuvent allumer du feu dans leurs loges et ateliers, à peine de 10 à 100 fr. d'amende (42, *Cod.*). Les adjudicataires et cautions sont responsables pour leurs ouvriers et facteurs, des délits et contraventions qu'ils commettent dans les ventes (46, *ibid.*).

P.

PACAGE. Se dit à la fois des terrains propres à faire pâturer les bestiaux, et du droit de les y mettre à l'herbage. *Voyez* CHÈVRES, BREBIS, PATURAGE, USAGERS.

PAISSON. Nourriture des porcs dans les bois et forêts, qui se compose principalement de faînes et de glands. La paisson est mise en adjudication, sans préjudice du droit des usagers (53). *Voyez* l'article qui suit.

PANAGE. Est le synonyme de paisson. Le droit d'envoyer les porcs au panage dans les forêts est donné par adjudication lorsque l'état de la glandée le permet, sans nuire au repeuplement des forêts. *Voyez* AJUDICATAIRES DE GLANDÉE, BESTIAUX, GLANDÉE, PORCS, USAGERS.

La durée du panage ne peut excéder trois mois ; l'époque de l'ouverture en est fixée chaque année par l'administration forestière (66, *ibid.*). Les droits de panage dans les bois des particuliers ne peuvent être exercés que dans les cantons ou parties de bois déclarées défensables par l'administration forestière (119, *ibid.*).

En cas de contestations sur l'état et la possibilité des forêts, et sur le refus d'admettre au panage les animaux des usagers, dans certains cantons déclarés non défensables, il y est statué par le conseil de préfecture, sauf le recours au conseil d'État. Ce recours aura un effet suspensif jusqu'à la décision du roi (117, *Ordonn.*).

Les maires des communes et les particuliers jouissant du

droit de panage ou de pâturage dans les forêts de l'État, remettent annuellement à l'agent forestier local, avant le 31
décembre pour le pâturage, et avant le 31 juin pour le panage, l'état des bestiaux que chaque usager possède, avec la
distinction de ceux qui servent à son usage et de ceux dont
il fait le commerce (118, *Ordonn.*).

L'état des cantons qui sont dans le cas d'être livrés au panage et au pâturage est constaté par l'agent forestier local,
chaque année, par un procès-verbal spécial, en indiquant le
nombre des animaux qui pourront y être admis, et les époques où devront commencer et finir les panage et pâturage.
Les propositions de cet agent sont soumises au conservateur
avant le 1er février, pour le pâturage, et avant le 1er août
pour le panage et la glandée (119, *ibid.*).

PARCOURS. Action de parcourir, autrement, droit ré-
ciproque de communes à communes, d'envoyer paître leurs
bestiaux sur des terrains communaux en temps de vaine pâ-
ture. *Voyez* BOIS DES PARTICULIERS.

PARCS. Terrains clos de murs ou de fossés qui en général sont plantés d'arbres.

Suivant l'ordonnance de 1669, la contenance ou l'étendue d'un parc devait être de cent arpents au moins, autrement il n'était pas réputé parc ; mais le nouveau Code est
muet à cet égard, seulement il excepte les parcs ou
jardins clos tenant aux habitations, des dispositions relatives
aux défrichements des bois (219,223, *Cod.*). *Voyez* DÉFRI-
CHEMENT.

PAROIS. Vieux mot qui signifie mur, muraille, cloison ;
aujourd'hui il exprime mieux la surface latérale d'un vase ou
d'un tube ; il se dit généralement au pluriel. En termes forestiers, les parois sont des arbres qui servent de limites séparatives des différentes coupes ou ventes de bois qui se trouvent sur la même ligne, ou entre deux pieds-corniers. *Voyez*
ces mots et COUPE ORDINAIRE.

Les parois sont, comme les pieds-corniers, marqués du marteau royal, à la hauteur d'un mètre (79, *Ordonn.*). Les
procès-verbaux de balivage indiquent le nombre et les espèces
d'arbres qui ont été marqués en réserve (81, *ibid.*).

PARTAGE. Action de partager, acte qui fait la division
d'une chose commune. La propriété des bois communaux
ne peut jamais donner lieu à partage entre les habitants ;
mais lorsque deux ou plusieurs communes possèdent un bois

par indivis, chacune conserve le droit d'en provoquer le partage (92, *ibid.*).

PARTAGE par feu. Celui qui se fait par chef de famille ayant son domicile réel fixé dans la commune. C'est ainsi que le partage des bois d'affouage se fait, s'il n'y a titre ou usage contraire (105, *ibid.*). *Voyez* Affouage.

PASSAGE. Espace, route qui conduit d'un lieu à un autre. *Voyez* Chemins.

PATRES. Bergers, gardiens de bestiaux et d'autres animaux. Il en est de plusieurs sortes; mais nous ne devons parler ici que de ceux des communes; ils sont choisis par les maires pour conduire les bestiaux et les porcs des communes usagères (72, *Cod.*). Mais les choix des maires doivent être agréés par les conseils municipaux (120, *Ordonn.*).

Le pâtre qui laisse vaguer des bestiaux hors des cantons signés par l'acte d'adjudication, ou des chemins indiqués pour s'y rendre, est condamné, en cas de récidive, à un emprisonnement de cinq à quinze jours (56, *Cod.*). Les pâtres sont seulement passibles d'une amende de 3 à 30 francs, quand ils laissent aller les bestiaux des usagers hors des cantons défensables ou désignés pour le panage; mais en cas de récidive, la peine de l'emprisonnement est la même que ci-dessus.

PATURAGE. Il est synonyme de pacage; l'un et l'autre désignent à la fois et un terrain couvert d'herbes propres à la nourriture des bestiaux, et le droit de les faire paître.

Le pâturage dans les forêts de l'État ne peut être converti en cantonnement, comme l'affouage ou autre usage en bois; mais il peut être racheté par une indemnité (64, *Cod.*). *Voyez* Rachat, Bestiaux, Usagers, Panage, Maires, Bois des particuliers.

PATURAGE toléré. C'est celui des moutons et brebis qui est autorisé dans certaines localités par des ordonnances spéciales de sa majesté (110, *Cod.*). *Voyez* Moutons, Brebis.

PEINE. Impression, sentiment, douleur dans le corps ou dans l'esprit; en législation, c'est le châtiment, la punition, la réparation d'un délit ou crime.

Les peines infligées par le Code forestier, sont l'emprisonnement et l'amende, indépendamment des réparations civiles. Les peines sont doublées en cas de récidive (200, *Cod.*). Dans aucun cas, elles ne peuvent être modifiées (203, *ibid.*). *Voyez*, pour complément, Adjudicataires, Agent, Enlèvement frauduleux, Emprisonnement, Contraventions, Malversations.

PELER. Action d'enlever la peau, l'écorce des bois, pour en faire du tan. *Voyez* ÉCORCER.

PERCHE. Tige ou jeune arbre, de la hauteur de dix à douze pieds communément.

PERMIS D'EXPLOITER. Autorisation donnée à l'adjudicataire pour commencer la coupe de sa vente. Depuis l'époque de ce permis, jusqu'à ce qu'il ait obtenu sa décharge, il est responsable de tout délit forestier qui est commis dans la vente ou à l'ouïe de la cognée, par ses facteurs ou ouvriers (45, *Cod.*).

Le permis d'exploiter est délivré par l'agent forestier local chef de service, aussitôt que l'adjudicataire lui a présenté les pièces justificatives exigées à cet effet par le cahier des charges (92, *Ordonn.*). *Voyez* EXPLOITATION DES COUPES, SOUCHETAGE.

PERQUISITION. Recherche attentive et scrupuleuse d'une personne ou d'une chose, d'un délinquant ou de l'objet enlevé.

Les agents et gardes forestiers sont chargés de rechercher et saisir les bois volés ou autres de délit ; mais leurs perquisitions dans les maisons habitées n'ont lieu qu'en présence des officiers désignés par la loi, c'est à-dire les juges de paix ou leurs suppléants, les maires ou leurs adjoints, ou les commissaires de police (162, *Cod.*).

PERSONNE CAPABLE. Est celle qui est reconnue jouir des capacités qui constituent les droits civils. Toute personne capable et reconnue solvable est admise jusqu'à l'heure de midi du lendemain de l'adjudication, à faire une offre de surenchère. *Voyez* ce mot (25, *Cod.*).

PERTE. Synonyme de dommage, de dégât. *Voyez* ÉCORCE, MUTILÉ, ENLÈVEMENT FRAUDULEUX.

PEUPLIER. Grand arbre qui croît facilement dans les lieux aquatiques; il a les branches courtes et peu grosses, son bois est blanc, et il est classé dans la seconde espèce des arbres. (192, *Cod.*).

PIED-CORNIER. Arbre de limite ou de bornage réservé à cet effet dans les ventes pour fixer leur étendue. Lorsqu'il ne se trouve pas d'arbres sur les angles où doivent être les pieds-corniers, les arpenteurs y suppléent par des piquets, et ils empreintent au dehors de la coupe, les arbres les plus apparents pour servir de témoins.

L'arpenteur est tenu de faire usage au moins de l'un des pieds-corniers de la précédente vente. Le pied-cornier est marqué par le marteau de l'arpenteur sur deux faces ; l'une, dans la direction de la ligne qui sera à droite, et l'autre, dans celle de la ligne qui sera à gauche. L'arpenteur fait, au-dessus de chaque empreinte de son marteau, et dans les mêmes directions, une empreinte destinée à recevoir le marteau royal (76, *Ordonn.*). *Voyez* PAROIS, PROCÈS-VERBAUX D'ARPENTAGE DES COUPES ET DES BALIVAGES.

PILE COURANTE. Tas de bois appartenant à un même adjudicataire, et marqué de sa marque spéciale.

PIN. Arbre résineux, élevé, droit et rameux seulement par le haut ; il est de la première classe des arbres pour la fixation des amendes (192, *Cod.*).

PLACE A CHARBON. Lieu où était une fosse à charbon. *Voyez* FOSSES.

PLANS. *Voyez* LEVÉE DE PLANS, PLANTATIONS.

PLANTATION. Action de planter ou terrain planté de jeunes arbres. Quiconque arrache des plants dans les bois et forêts est puni d'une amende de 10 à 500 fr. ; et si le délit a été commis dans une plantation faite de main d'homme, il est en outre prononcé un emprisonnement de 15 jours à un mois (195, *Cod.*).

Les semis et plantations de bois, sur le sommet et le penchant des montagnes et sur les dunes, seront exempts de tout impôt pendant 20 ans (225, *Cod.*).

Les plantations ou réserves destinées à remplacer les arbres actuels de lisière seront effectuées en arrière de la ligne de délimitation des forêts, à la distance prescrite par l'article 671 du Code civil (176, *Ordonn.*). *Voyez* DÉFRICHEMENT.

PLATANE. Grand et bel arbre à fleurs amentacées, mâles et femelles sur le même pied. On en distingue de deux espèces, celle qui est originaire d'Asie, et celle qui vient de l'Amérique. Il est de la première classe des arbres relativement à la fixation des amendes (192, *ibid.*).

POIRIER. Arbre à fruit et à fleurs. Il est de la première classe des arbres.

PONTS ET CHAUSSÉES. Administration établie pour tout ce qui se rapporte aux grandes routes, canaux, voiries, ouvrages hydrauliques et autres. *Voyez* TRAVAUX DU RHIN.

PORC. Animal domestique, vulgairement appelé *cochon* ou *pourceau*. C'est une espèce de sanglier apprivoisé. Ceux qui sont mis en panage ou glandée doivent être marqués d'un fer chaud, à peine de 3 fr. d'amende par chaque porc non marqué (55, *Cod.*). *Voyez*, pour complément, ADJUDICA-

TAIRES, CONTRAVENTIONS, PATRE, BESTIAUX, TROUPEAU COM-
MUN et USAGERS.

POSSESSEUR D'AFFECTATION. Celui qui jouit, use ou possède une partie de bois ou d'affouage. *Voyez* AFFECTATIONS.

POSSIBILITÉ. Ce qui est possible et peut être fait. On
entend par possibilité des forêts, ce qu'elles peuvent donner
en chauffage ou affouage (65, *Cod.*).

POURSUITES. Action de poursuivre, ou actes de procédures dans une instance ou un procès.

L'administration forestière est chargée, tant dans l'intérêt
de l'État que dans celui des autres propriétaires de bois et
forêts soumis au régime forestier, des poursuites en réparation de tous délits et contraventions commis dans ces bois
et forêts (159, *Cod.*), à l'exception de ceux de la couronne.
Voyez GARDES DE LA COURONNE.

Les dispositions du Code d'instruction criminelle sur la
poursuite des délits et contraventions, citations, délais, défaut, oppositions, jugements, appels et recours en cassation, sont applicables aux poursuites des délits forestiers
(187, *ibid.*). Les poursuites qui pourraient être dirigées aux
termes des articles 178 et 180 du Code pénal, contre tous
délinquants et contrevenants pour fait de tentatives de corrup-
tion envers des fonctionnaires, des agents et préposés de l'administration forestière, sont indépendantes des poursuites et
des peines dont ceux-ci pourraient être d'ailleurs passibles
pour malversations (207, *ibid.*, § 2.).

POURTOUR. Le pourtour est la grosseur, le circuit ou
la circonférence des arbres; il se mesure à un demi-pied près
de terre (61, *Ordonn.*).

POUSSE. Jet des arbres, jeunes branches de l'année.

PRÉFET. Magistrat chargé en chef de l'administration d'un
département. Les préfets ont de nombreuses attributions en
matières forestières. Il convient d'indiquer sommairement les
principales. Un préfet statue sur les oppositions au défrichement des bois formées par l'administration forestière (219,
Cod.), sauf le recours au ministre des finances; il cote et
paraphe les registres et sommiers des agents forestiers établis
dans le lieu de sa résidence, et vise chaque enregistrement
fait par ces agents (16, *Ordonn.*). Il nomme les experts qui,
dans différents cas, doivent opérer dans l'intérêt de l'État, et
il indique les jours de leurs opérations, notamment des délimitations et bornages (38, 59, *ibid.*).

Le préfet autorise l'apposition des affiches indicatives des jours, lieux et heures où il est procédé aux coupes et ventes de bois, et il emploie à cet égard tous les autres moyens de publication qui sont à sa disposition (84, *ibid*); il autorise pour le compte et à la charge des adjudicataires qui n'ont pas exécuté les travaux qui leur sont imposés par le cahier des charges, toutes mesures et opérations convenables pour effectuer ces travaux, dont il arrête le mémoire qu'il rend exécutoire contre les adjudicataires (41, *Cod.*). Il en agit ainsi contre ceux qui, ayant effectué, sans autorisation, un défrichement, ont été condamnés à faire des plantations ou semis et qui ne les ont pas effectués dans le temps prescrit par le jugement (221, *ibid.*).

Le préfet approuve, sur l'avis de l'administration forestière, les délibérations et nominations des gardes choisis par les maires des communes ou par les administrateurs des établissements publics, propriétaires des bois soumis au régime forestier (94, *ibid.*). A défaut par les communes ou établissements de choisir leurs gardes dans le mois de la vacance, le préfet les nomme lui-même sur la demande de l'administration (96, *Cod.*); il règle leur salaire et il prononce la destitution de ces gardes lorsqu'il y a lieu et lorsqu'ils ont déjà été suspendus de leurs fonctions par l'administration ; mais avant tout il prend l'avis du conseil municipal ou des administrateurs des établissements propriétaires de bois, tant sur la destitution que sur la fixation du salaire (98, *ibid.*).

Le préfet permet ou autorise les ventes ou échanges des bois qui ont été délivrés aux communes ou établissements publics, soit pour leur chauffage, soit pour constructions (102, *ibid.*). Enfin le préfet prononce sur le recours que l'on peut former devant lui, contre le refus d'acceptation des gardes particuliers, par les sous-préfets (117, *ibid.*).

Quant aux autres attributions des préfets non exprimées ci-dessus, on les trouvera sous les noms qui leur sont propres. *Voyez* ADJUDICATIONS.

PRESCRIPTION. Manière d'acquérir ou de perdre la propriété d'une chose, quand elle a été possédée pendant le temps et de la manière que les lois l'exigent.

Les actions en réparation de délits et contraventions en matière forestière se prescrivent par trois mois à compter du jour où les délits et contraventions ont été constatés, lorsque les prévenus sont désignés dans les procès-verbaux. Dans le cas contraire, le délai de la prescription est de six mois, à compter du même jour, sans préjudice, à l'égard des

7

adjudicataires et entrepreneurs des coupes, de la responsabilité qui leur est imposée jusqu'à leur libération (185, *ibid.*). Cependant *voyez* MALVERSATION.

PREUVE. C'est en général tout ce qui établit la vérité d'un fait ou sa justification, ou la culpabilité d'un prévenu.

Les délits ou contraventions en matière forestière se prouvent par procès-verbaux, ou par témoins à défaut de procès-verbaux ou en cas d'insuffisance de ces actes (175, *Cod.*). Les procès-verbaux des agents et gardes forestiers font preuve jusqu'à inscription de faux, sauf quelques exceptions. (177, *Cod.*). *Voyez* PROCÈS-VERBAUX DE DÉLITS et CONTRAVENTIONS.

PREUVE CONTRAIRE. Est celle qui peut être opposée aux procès-verbaux qui ne font pas foi jusqu'à inscription de faux (178, *ibid.*). *Voyez* PROCÈS-VERBAUX DE DÉLITS, etc.

PRÉVENU. Est celui qui est accusé d'un crime ou d'un délit ou d'une contravention, mais qui n'est pas encore jugé coupable (182, *ibid.*).

PROCÈS-VERBAL D'ADJUDICATION. Est celui qui adjuge sur la plus forte enchère, soit une coupe ordinaire ou extraordinaire de bois mis en vente, soit les glandées, panage et paisson, aux conditions exprimées dans le cahier des charges. Tout procès-verbal d'adjudication emporte exécution parée et la contrainte par corps contre les adjudicataires, leurs associés ou cautions, pour paiement du prix de l'adjudication et pour les accessoires et frais (23, *Cod.*).

Les procès-verbaux des adjudications sont signés sur-le-champ par tous les fonctionnaires présents et par l'adjudicataire ou son fondé de pouvoirs; et dans le cas d'absence de ces derniers, ou s'ils ne veulent ou ne peuvent signer, il en sera fait mention au procès-verbal (91, *Ordonn.*).

Lorsque, faute d'offres suffisantes, les adjudications n'ont pu avoir lieu, elles sont remises, séance tenante, au jour qui est indiqué par le président, sur la proposition de l'agent forestier (89, *ibid.*). *Voyez* ADJUDICATION, COUPES ORDINAIRES et EXTRAORDINAIRES.

PROCÈS-VERBAL D'ASSIETTE. Est celui qui désigne les lieux qui doivent être mis en adjudication ou vente dans le cours de l'année. *Voy.* ASSIETTE, ARBRE D'ASSIETTE, CONSERVATEURS.

PROCÈS-VERBAL DE CONTRAVENTIONS ET DÉLITS. Acte qui constate les fraudes, enlèvements, infractions ou contraventions qui sont commis par les adjudicataires, les usagers, affouagistes et autres délinquants. Ce procès-verbal est dressé par un ou plusieurs agents ou gardes forestiers, gardes des particuliers, de la couronne, des apanages, et par les agents de la marine. Ces derniers ont foi en justice comme les agents forestiers, pourvu que leurs procès-verbaux soient dressés et affirmés dans les mêmes formes et les mêmes délais, et que les maîtres, contre-maîtres et aides contre-maîtres soient assermentés (134, *Cod.*). Mais tous les procès-verbaux des agents forestiers ne sont pas assujettis à la formalité de l'affirmation ; ceux des inspecteurs, sous-inspecteurs, gardes généraux et gardes à cheval en sont exempts (166). Dans le cas où un procès-verbal porte saisie, il en est fait, aussitôt après l'affirmation, une expédition qui est déposée dans les 24 heures au greffe de la justice de paix, pour qu'il en puisse être donné communication à ceux qui réclameraient les objets saisis (167, *ibid.*). Les procès-verbaux seront, sous peine de nullité, enregistrés dans les quatre jours qui suivront celui de l'affirmation, ou celui de la clôture, s'ils ne sont pas sujets à l'affirmation. L'enregistrement s'en fait en débet lorsque les délits constatés intéressent le domaine de la couronne, ou les communes, ou les établissements publics (170, *ibid.*). Les gardes écrivent eux-mêmes leurs procès-verbaux, ils les signent et les affirment, au plus tard le lendemain de la clôture, par-devant le juge de paix du canton ou l'un de ses suppléants, ou par-devant le maire ou l'adjoint, soit de la commune de leur résidence, soit de celle où le délit a été commis ou constaté, le tout sous peine de nullité. Toutefois si par suite d'un empêchement quelconque le procès-verbal est seulement signé par le garde mais non écrit en entier de sa main, l'officier qui en reçoit l'affirmation doit lui en donner préalablement lecture, et faire ensuite mention de cette formalité, le tout sous peine de nullité du procès-verbal (165, *Cod.*). Les procès-verbaux qui sont revêtus de toutes les formalités ci-dessus et qui sont dressés et signés par deux agents ou gardes forestiers, font preuve jusqu'à inscription de faux des faits matériels relatifs aux délits et contraventions qu'ils constatent, quelles que soient les condamnations auxquelles ces délits et contraventions peuvent donner lieu. En conséquence il ne peut être admis aucune preuve outre et contre le contenu de ces procès-verbaux, à moins qu'il n'existe une cause légale de récusation contre l'un des signataires (176, *Cod.*). De même les procès-verbaux revêtus de toutes les formalités ci-dessus, qui ne sont rapportés que par un seul agent ou garde, font foi jusqu'à inscription de faux, mais seulement lorsque le délit ou la contravention n'entraîne qu'une condamnation de 100 fr. tant pour amende que pour dommages-intérêts. Lorsqu'un de ces procès-verbaux constatera à la fois contre divers individus des délits ou contraventions distincts et séparés. il n'en fera pas moins foi, aux termes du présent article, pour chaque délit ou contravention qui n'entraînerait pas une condamnation de plus de 100 fr. tant pour amende que pour dommages-intérêts, quelle que soit la quotité à laquelle pourraient s'élever toutes les condamnations réunies (177, *ibid.*). Les procès-verbaux qui, d'après les dispositions qui précèdent, ne font point foi et preuve suffisante jusqu'à inscription de faux, peuvent être corroborés et combattus par toutes les preuves légales, conformément à l'article 154 du Code d'instruction criminelle (178, *ibid.*). *Voyez* INSCRIPTION DE FAUX. Les gardes à pied et les gardes à cheval remettent leurs procès-verbaux revêtus de toutes les formalités prescrites à leur chef immédiat (27, *Ordonn.*). Les procès-verbaux que les agents de la marine sont autorisés à dresser pour constater les délits et contraventions concernant le service de la marine sont remis par eux, dans le délai prescrit par les articles 15 et 18 du Code d'instruction, aux agents forestiers chargés de la poursuite devant les tribunaux (160, *ibid.*).

PROCÈS-VERBAL DE DÉLIMITATION. Est celui qui est dressé ou rapporté pour constater les opérations qui ont établi les limites ou la délimitation générale des forêts ou de tout autre bois soumis au régime forestier. Ce procès-verbal, aussitôt sa clôture, est déposé au secrétariat de la préfecture, et par extrait à la sous-préfecture en ce qui concerne chaque arrondissement, pour parvenir à son homologation. Le procès-verbal de délimitation est rédigé par les experts suivant l'ordre dans lequel l'opération a été faite; il est divisé en autant d'articles qu'il y a de propriétaires riverains. *Voyez*, pour complément, DÉLIMITATION GÉNÉRALE.

PROCÈS VERBAL D'ESTIMATION DES COUPES. Est celui qui fixe leur valeur approximative avant l'adjudication. Il doit être fait par acte séparé, et envoyé dans la huitaine de sa date au conservateur forestier (81, *Ordonn.*). Il doit être exposé quinze jours avant l'époque fixée pour la vente, au secrétariat de l'autorité administrative qui devra présider la vente (83, *ibid.*). Ce procès-verbal est le même que celui de l'arpentage des coupes, qui est fait par des arpenteurs commissionnés par le directeur général, sous les ordres des agents forestiers chefs de service (19, *ibid.*). *Voyez* ARPENTEURS.

PROCÈS-VERBAL DE MARTELAGE. Est celui qui constate le nombre, la qualité, la grosseur, l'essence, la situation des arbres qui ont été martelés ou frappés d'un marteau, tels que les baliveaux, arbres de réserve, pieds-corniers, parois, etc. L'adjudicataire est tenu de respecter tous ces arbres, sous les peines exprimées *verbo* ADJUDICATAIRES. Les agents de la marine sont tenus, à peine de nullité de leurs opérations, de dresser des procès-verbaux de martelage des arbres, dans les bois de l'État, des communes, des établissements publics et des particuliers; de faire viser ces procès-verbaux par le maire dans la huitaine, et d'en déposer immédiatement une expédition à la mairie de la commune où le martelage a eu lieu. Aussitôt après ce dépôt les adjudicataires, les communes, les établissements publics ou autres propriétaires, pourront disposer des arbres qui n'auront pas été marqués (126 ; *Ordonn.*). *Voyez* DÉPARTEMENT DE LA MARINE. Indépendamment du dépôt de cette première expédition, les agents de la marine en remettent une seconde aux agents forestiers chefs de service. Au reste, le résultat du martelage des agents de la marine est toujours porté sur les affiches des ventes; en conséquence tout martelage effectué ou signifié aux agents forestiers après l'apposition des affiches est considéré comme nul (152, *Ordonn.*).

PROCÈS-VERBAL DE SÉQUESTRE. *Voyez* SÉQUESTRE.

PROCÈS-VERBAL DE SOUCHETAGE. *Voyez* SOUCHETAGE.

PROCÈS-VERBAUX DE BALIVAGE. Ce sont ceux qui indiquent le nombre et les espèces d'arbres qui ont été marqués en réserve avec distinction en baliveaux de l'âge, modernes et anciens, pieds-corniers et parois; ils sont revêtus de la signature de tous les agents qui ont concouru à l'opération, et adressés dans la huitaine au conservateur; ils sont ensuite déposés par l'agent forestier chef de service, quinze jours avant la vente, au secrétariat du fonctionnaire administratif qui doit présider la vente, et ce fonctionnaire y appose son visa pour en constater le dépôt (81, 83; *Ordonn.*). *Voyez* BALIVAGE.

PROCÈS-VERBAUX DES GARDES DES BOIS DES PARTICULIERS. Ces actes constatent les délits et contraventions commis dans les forêts et bois des propriétaires seulement; ils ne font foi en justice que jusqu'à preuve contraire. Les dispositions relatives à la saisie des bestiaux trouvés en délit et des instruments, voitures et attelages des délinquants; à l'assistance

des gardes par les officiers de police judiciaire ; à la conduite
des prévenus pris en flagrant délit ; à la rédaction , affirmation et écriture des procès-verbaux ; aux expéditions et dépôt
de ces actes; aux réceptions de caution ; à la vente des bes·
tiaux saisis ; aux séquestres et frais; à l'enregistrement des
procès-verbaux et autres formalités , sont applicables aux
poursuites exercées au nom et dans l'intérêt des particuliers,
pour délits et contraventions commis dans leurs bois. Toutefois, lorsqu'il y aura lieu à effectuer la vente des bestiaux saisis,
le produit net de la vente sera versé à la caisse des dépôts et
consignations. *Voyez*, pour complément de cet article , Juge
de paix, Maire, Gardes, Procès-verbal de contraventions
et délits , Cita tion , Preuve , Exception préjudicielle,
Prescription , Poursuites.

PROCÈS-VERBAUX de réarpentage et de récolement.
Sont ceux qui établissent la vérification , l'étendue et l'état de
chaque vente après son exploitation. Il est procédé à cette
double opération dans les trois mois qui suivent le jour de
l'expiration des délais accordés pour la vidange des coupes.
L'adjudicataire, ou son cessionnaire, est tenu d'assister au récolement qui lui est indiqué dix jours d'avance par un acte
extrajudiciaire; à faute de s'y trouver , les procès-verbaux
de réarpentage et de récolement sont réputés contradictoires.
Les adjudicataires peuvent appeler au réarpentage un arpenteur de leur choix , sinon le réarpentage fait par l'arpenteur
forestier est réputé contradictoire (48 , 49, *Cod.*). Dans le
délai d'un mois après la clôture des procès-verbaux , l'administration ou l'adjudicataire peuvent en demander l'annulation pour défaut de forme ou fausse énonciation. A cet effet
ils se pourvoient devant le conseil de préfecture qui statue.
En cas d'annulation du procès-verbal, l'administration y sup-
pléera dans le mois qui suivra par un nouveau procès-verbal
(50 *ibid.*). Le réarpentage des coupes est exécuté par un arpenteur autre que celui qui a fait le premier mesurage , mais
en présence de celui-ci, ou lui dûment appelé (97). L'opération du récolement est faite par deux agents au moins et le
garde du triage y est appelé. Tous signent le procès-verbal
qui en est dressé , et l'adjudicataire, ou son fondé de pouvoir,
en fait de même (98).

PROFESSEURS. Ceux qui professent ou enseignent publiquement un art , ou une science. Il en est attaché trois à *l'é-
cole royale forestière. Voyez* ces mots.

PROPRIÉTAIRES d'animaux. Ce sont ceux auxquels ils

appartiennent, qui peuvent en user et abuser. Les propriétaires d'animaux trouvés de jour en délit dans les bois de dix
ans et au-dessus, sont passibles d'une amende graduée, suivant l'espèce et le nombre des animaux (199, *Cod.*). *Voyez*
les détails *verbo* CONTRAVENTION.

PROPRIÉTAIRES RIVERAINS. On nomme ainsi ceux dont
les propriétés sont limitrophes des bois et forêts, des fleuves,
des rivières, c'est-à-dire qui touchent les uns ou les autres. Ces
propriétaires peuvent demander une séparation entre leurs
propriétés et les bois ou forêts de l'État (8). *Voyez* ACTION
EN SÉPARATION. Ils peuvent aussi réclamer ou former opposition dans le délai d'une année contre les procès - verbaux de
délimitation faits à la requête de l'administration forestière.
Ces oppositions sont jugées par les tribunaux compétents et
jusque là il est sursis à l'abornement. *Voyez* au surplus,
DÉLIMITATION GÉNÉRALE. Tout propriétaire riverain du
fleuve du Rhin ne peut exploiter ses bois taillis sans en
faire la déclaration trois mois d'avance à la sous-préfecture.
Et pendant ce délai, le préfet peut requérir ces bois pour le
service et les travaux du fleuve. *Voyez* ILE DU RHIN, DÉ-
CLARATION D'ABATAGE, TRAVAUX DU RHIN, BOIS DES PARTICU-
LIERS. Les propriétaires riverains des bois et forêts ne peuvent se prévaloir de l'article 672 du Code civil pour l'élagage des lisières desdits bois et forêts, si ces arbres ont plus
de trente ans; sinon, ils sont punis comme s'ils les avaient
abattus par le pied (196, *Cod.*). Chaque propriétaire riverain assiste à la délimitation des bois; il veille à ce que son
article soit séparé des autres, et peut élever toute réclamation qu'il croit utile à ses intérêts (61, *Ordonn.*). Il peut
aussi, à ses frais, requérir un des extraits de l'opération
pour ce qui le concerne (63, *Ordonn.*).

PRUNIER. Arbre à fruit peu élevé. Il y en a un grand
nombre d'espèces.

PUINE. Arbrisseau qui est de l'une des neuf espèces de
mort-bois. Voyez ce mot.

Q.

QUART DE RÉSERVE OU EN RÉSERVE. C'est la quatrième
partie d'un bois qui est affecté à des besoins spéciaux, tels
que les chauffages et constructions, et qui n'est pas mis en
vente. La réserve était autrefois du tiers. Un quart des bois

dès communes et des établissements publics est toujours mis en réserve, lorsqu'ils possèdent au moins dix hectares de bois, réunis ou divisés. Cette réserve n'a pas lieu dans les bois peuplés d'arbres résineux (96, *Cod.*). Lors de la coupe des quarts en réserve, on conserve soixante baliveaux au moins et cent au plus par hectare (137, *Ordonn.*). Hors le cas de dépérissement des quarts en réserve, l'autorisation de les couper ne sera accordée que pour cause de nécessité bien constatée, et à défaut d'autres moyens d'y pourvoir. Les demandes de cette nature, appuyées de l'avis des préfets, sont soumises au roi par le ministre des finances, après avoir été toutefois communiquées par ce ministre à celui de l'intérieur (140, *ibid.*). *Voyez*, pour complément, COUPE EXTRAORDINAIRE.

QUESTIONS DOUTEUSES. Sont celles qui présentent des difficultés sérieuses et souvent des motifs contraires pour en donner la solution. Ces questions sont ordinairement délibérées dans le conseil d'administration forestière (7, *Ord.*).

QUESTIONS FORESTIÈRES. Elles sont toutes et exclusivement de la compétence correctionnelle. *Voyez* TRIBUNAUX CORRECTIONNELS, EXCEPTIONS PRÉJUDICIELLES.

QUESTIONS PRÉJUDICIELLES. Nous en avons donné la définition *verbo* EXCEPTION PRÉJUDICIELLE.

QUINCONCES. Plantations d'arbres en échiquier. *Voyez* AVENUE.

R.

RABOUGRI. *Voyez* ABROUTI, ABROUTISSEMENT.

RACHAT. Action de racheter, acte qui contient le rachat. En d'autres termes, le rachat est l'extinction, le paiement, l'amortissement d'un droit réel, en argent ou en nature, affecté sur un immeuble. Le gouvernement peut affranchir les bois et forêts des droits d'usage en bois et autres, en les rachetant, soit par la cession d'un cantonnement pour les droits d'usage en bois, soit par une indemnité pour les droits de pâturage, panage et glandée (63, 64, *Cod.*), excepté ceux qui sont d'une nécessité absolue. Les communes et les administrateurs des établissements publics ont la même faculté de racheter les droits d'usages dont sont chargés les bois qui leur appartiennent (112, *ibid.*). Enfin cette faculté est étendue aux bois et forêts indivis entre l'État,

la couronne et les particuliers (113 , *ibid.*). Lorsqu'il y a
lieu d'affranchir ces différents bois et forêts des droits d'u-
sages en bois au moyen d'un cantonnement, on procède
comme il est dit *verbo* CANTONNEMENT. Et même lorsqu'il
y a lieu d'effectuer le rachat d'autres droits d'usage qui ne
sont pas en nature de bois, il est encore procédé suivant la
manière prescrite pour le cantonnement (112 , 113, 114 et
115 , *Ordonn.*). Toutefois si le droit d'usage appartient à
une commune, le ministre des finances, avant de prononcer
sur la proposition de l'administration, la communique au
préfet, lequel donne des renseignements précis et son avis
motivé sur l'absolue nécessité de l'usage pour les habitants.
Lorsque le ministre aura prononcé, le préfet, avant de faire
procéder à l'estimation préparatoire, notifiera la proposition
de rachat au maire de la commune usagère, en lui prescri-
vant de faire délibérer le conseil municipal pour qu'il exerce
le pourvoi qui lui est réservé par le § 2 de l'article 64 du
Code. Le procès-verbal ne contiendra que l'évaluation en
argent des droits des usagers d'après leurs titres (116 ,
Ordonn.). Pour éviter des répétitions, nous devons renvoyer aux articles AFFRANCHISSEMENT, BOIS DES COMMUNES ET
DES ÉTABLISSEMENTS PUBLICS, COMMUNES USAGÈRES, CONCES-
SIONS, CANTONNEMENT.

RAMÉE ou RAMEAUX. Ce sont de petites branches coupées avec leurs feuilles, qui ont été réunies en tas.

RÉARPENTAGE. Nouvel arpentement ou nouvelle action
de réarpenter. Le réarpentage des ventes se fait dans les trois
mois qui suivent le jour de l'expiration des délais accordés
pour la vidange des coupes. Ces trois mois écoulés, les adjudicataires peuvent mettre l'administration forestière en demeure de faire procéder au réarpentage, par acte extrajudiciaire signifié à l'agent forestier local, et si, dans le mois de
cette signification, l'administration n'a pas fait procéder au
réarpentage et au récolement, l'adjudicataire demeure libéré (47). L'adjudicataire peut assister à ces opérations et
même y appeler un arpenteur de son choix. Le réarpentage
des coupes est exécuté par un autre arpenteur que celui qui
a fait l'arpentage sur lequel la coupe exploitée a été vendue,
mais en présence de ce dernier (97, *Ordonn.*). Lorsque les
délivrances en bois, en vertu d'affectation à titre particulier,
ont été effectuées, il est procédé au réarpentage et au récolement de la manière ci-dessus expliquée pour les coupes
adjugées et exploitées (109 , *ibid.*).

RECÉPAGE. Action de recéper, de couper les arbres par tête pour leur faire pousser de nouvelles branches. On fait aussi le recépage des souches des taillis pour les rendre en meilleur état ; on recèpe enfin les bois rabougris pour les rétablir par de nouvelles pousses. Les ventes des bois provenant de recépages sont autorisées par les conservateurs et faites comme les menus marchés lorsqu'elles n'ont pas été adjugées sur pied (103 , *Ordonn.*). *Voyez* Menus marchés, Essartement.

RECEVEUR de l'enregistrement. Préposé de la régie et administration des domaines et de l'enregistrement , chargé de recevoir les droits du gouvernement dans un canton ou dans une ville. C'est ce receveur qui fait le recouvrement de toutes les amendes forestières , des restitutions, frais et dommages-intérêts résultant des jugements rendus pour délits et contraventions dans les bois soumis au régime forestier, même lorsque ces jugements contiennent des condamnations en faveur des particuliers (210 , 215 , *Cod.*). *Voyez* Condamnation. C'est enfin ce receveur qui provoque du ministère public les réquisitions nécessaires aux agents de la force publique chargés de l'exécution des mandements de justice (211 , *Cod.*).

RÉCIDIVE, Rechute. Récidiver, c'est commettre une seconde, une troisième fois, etc., la même faute dans laquelle on était déjà tombé. En législation forestière, il y a récidive lorsque, dans les douze mois précédents, il a été rendu contre le délinquant ou contrevenant , un premier jugement pour délit ou contravention (200 , *Ordonn.*). Les peines sont toujours doublées en cas de récidive, qui entraîne souvent la peine de prison ; elle a lieu notamment contre le pâtre qui laisse vaguer les porcs et bestiaux confiés à sa garde hors des cantons déclarés défensables ou désignés pour le panage, ou hors des chemins désignés pour s'y rendre (76 , *ibid.*). *Voyez* Bestiaux condamnés.

RÉCOLEMENT. C'est reconnaître l'état des ventes ou coupes exploitées, et en faire une exacte vérification afin de savoir si l'adjudicataire a exécuté ses engagements suivant la loi et le cahier des charges, et si les coupes des bois sont bien faites dans l'intérêt des taillis et autres bois. Les agents forestiers constatent, lors du récolement, les délits et contraventions qui ne l'auraient pas été d'une manière suffisante pendant l'exploitation ; ce n'est même qu'après le récolement qu'il peut être donné suite aux procès-verbaux dressés antérieurement pour vice d'exploitation (44 , *ibid.*). Le récolement se fait dans le même délai fixé pour le réarpentage (47). *Voyez* ce mot. L'adjudicataire assiste au récolement, en vertu d'un acte extrajudiciaire qui lui est notifié à cet effet, au moins dix jours d'avance. Cet acte contient l'indication des jours où se feront le réarpentage et le récolement. Faute par lui de s'y trouver ou de s'y faire représenter, le récolement est réputé contradictoire (48 , *ibid.*). L'opération du récolement se fait par deux agents forestiers au moins, et le garde du triage y est toujours appelé. Procès-verbal en est dressé par les agents qui le signent et le font signer à l'adjudicataire ou à son fondé de pouvoirs (98 , *Ordonn.*).

RECOURS EN CASSATION. Sorte d'appel , ou moyen de faire réformer les arrêts et jugements rendus en dernier ressort pour violation ou fausse application des lois ; pour excès de pouvoir ou pour cause d'incompétence. Le recours en cassation est suspensif en matière criminelle et partant dans les matières forestières. L'administration des forêts et même ses agents peuvent exercer le recours en cassation, indépendamment de la même faculté accordée au ministère public, lequel peut toujours en user, même lorsque les agents forestiers auraient acquiescé aux jugements et arrêts (184 , *ibid.*).

RECOUVREMENT DES AMENDES. Perception ou recette des amendes prononcées par jugements ou arrêts. On désigne aussi par recouvrement les poursuites exercées contre les condamnés pour les contraindre à payer. *Voyez* RECEVEURS DE L'ENREGISTREMENT.

RECRU. Nouveau jet ou rejet poussé par les bois taillis ou futaies après leurs coupes. Les recrus de futaies non défensables, lorsqu'ils sont traversés par des chemins qui conduisent au pâturage ou au panage, peuvent être clos de fossés ou de toute autre clôture pour empêcher les bestiaux de s'y introduire (71 , *Cod.*). *Voyez* FOSSÉS.

RECTIFICATION. Action de rectifier, de redresser ou réformer, corriger ou augmenter. Les motifs de la rectification des lignes de pourtour d'une forêt, toutes les fois qu'elles doivent être changées pour quelque cause que ce soit, doivent être énoncés dans le procès-verbal de délimitation (61 , *Ordonn.*).

RÉDUCTION DE L'USAGE. Action de réduire, diminuer ou modifier les droits d'usage, d'affouage, de panage et autres, dus aux usagers et affouagistes. Cette réduction ne s'opère que suivant l'état et la possibilité des forêts. Pour éviter des répétitions, *voyez* Communes usagères ; Usagers, Bestiaux. On verra dans ces articles, différentes modifications aux droits d'usage.

RÉGALER. C'est réviser le martelage particulier de l'adjudicataire qui, après l'exploitation de sa vente, fait marquer par les deux bouts de la marque dont il a déposé l'empreinte au greffe, les bois qu'il a coupés ou façonnés. Ce martelage est sujet à la révision connue par l'expression de régaler ; révision utile afin de garantir la reconnaissance des bois des différents marchands lorsqu'ils sont transportés hors des ventes ou mêlés dans les ports. *Voyez* Marteau particulier.

RÉGIME forestier. Système de gouvernement, de gestion ou d'administration. Régime peut donc être regardé comme le synonyme d'administration. Tous les bois et forêts de l'État, ceux de la couronne, des apanages et majorats réversibles à l'État ; ceux des communes, des établissements publics, et ceux qui sont indivis entre l'État et des particuliers, sont soumis au régime forestier (1er, *Cod.*). Les opérations de régie dans les bois des communes et des établissements publics par les agents de l'administration forestière sont faites sans aucuns frais, attendu les perceptions que nous avons exprimées *verbo* Indemnité. Pour compléter cet article, *voyez* Apanages, Administration forestière, Bois et forêts de l'État, Bois de la couronne, Bois indivis.

RÉGION BOISÉE. Grande étendue de terrain ou de pays couverte de bois. Dans les régions les plus boisées de la France, il est établi des *écoles secondaires. Voyez* ces derniers mots (54, *Ordonn.*).

REGISTRE. Livre où l'on écrit les actes, les opérations de chaque jour. Les agents et gardes forestiers sont tenus d'en tenir régulièrement, et de les faire coter et parapher par le préfet ou sous-préfet du lieu de leur résidence. *Voyez* Agent forestier, Gardes forestiers.

REINS. Vieux mot qui signifie bordure ; il est mieux de dire lisière des forêts. *Voyez* Lisière, Arbre de lisière.

REJET. Nouveau bois que poussent les arbres. *Voyez* Recru.

REMPLAGE. Indemnité qui est donnée aux adjudicataires lorsque, après le réarpentage, la vente exploitée ne contient pas l'étendue qui a été vendue.

RÉPARATIONS. Action de réparer, de reconstruire, de rétablir, de réédifier. *Voyez* DÉCLARATION D'ABATAGE, CONSTRUCTION.

RÉPARATIONS PÉCUNIAIRES. Ce sont les indemnités ou les dommages-intérêts accordés pour la valeur des dégradations, dégâts ou dommages commis par les délinquants (212, *Cod.*). *Voyez* CONTRAINTE PAR CORPS.

REPEUPLEMENT. Action de repeupler, de replanter d'arbres le même terrain par de seconds semis ou plantations. Lorsqu'au lieu d'opérer par adjudication à prix d'argent ou par économie des semis ou plantations dans les forêts, l'administration jugera convenable d'en concéder temporairement les vides et clairières à charge de repeuplement, les agents forestiers procèderont d'abord à la reconnaissance des lieux, et le procès-verbal qu'ils en dresseront constatera le nombre, l'essence et les dimensions des arbres existants sur les terrains à concéder. Le conservateur transmettra à la direction générale ce procès-verbal, avec ses observations et un projet de cahier de charges, spécial pour chaque concession, par lequel les concessionnaires devront particulièrement être assujettis aux dispositions des articles 34, 41, 42, 44 et 46 du Code forestier (105, *Ordonn*). Le directeur général des forêts soumettra à notre ministre des finances les projets de concession, avec toutes les pièces à l'appui (106). Les concessions de cette nature ne pourront être effectuées que par voie d'adjudication publique, avec les mêmes formalités que les adjudications des coupes de bois (107). La réception des travaux, la reconnaissance des lieux et le récolement seront effectués de la même manière que ceux des coupes de bois (108, *ibid.*).

REPIQUEMENT. C'est piquer une seconde fois les fossés, les excavations, les fourneaux, etc., pour les rendre plus profonds. A défaut par l'adjudicataire de faire le repiquement des places à charbon, suivant qu'il est dit au cahier des charges, ce travail est exécuté à ses frais, à la diligence des agents forestiers et sur l'autorisation du préfet, qui en arrête ensuite le mémoire des frais et le rend exécutoire contre l'adjudicataire (41, *ibid.*).

RÉPONSE. Espace dans lequel retentit le coup de la cognée. *Voyez* OUÏE DE LA COGNÉE.

RÉQUISITION. Demande de la partie publique ou de la partie lésée. La réquisition adressée aux agents de la force

publique est considérée comme un mandement. *Voyez* Contrainte par corps.

RÉSERVE. On désigne ainsi la partie qui est exceptée ou
retenue dans les ventes ou coupes de bois, soit pour des besoins, soit pour croître en futaies ou peupler. Une réserve se fait habituellement dans les bois des communes pour
leur chauffage ou construction. *Voyez* Bois des communes et
établissements, Arbres de réserve, Baliveaux, Département
de la marine.

RESPONSABILITÉ. Qualité de celui qui est responsable.
Obligation légale de répondre de ses actions ou de celles de
ses agents, employés, ou préposés. Les adjudicataires sont responsables pour leurs facteurs, gardes - ventes et ouvriers
qu'ils emploient. *Voyez* Adjudicataire.

Les maris, pères, mères et tuteurs, et en général tous les
maîtres et commettants, seront civilement responsables des
délits et contraventions commis par leurs femmes, enfants,
mineurs et pupilles, demeurant avec eux et non mariés, ouvriers, voituriers et autres subordonnés, sauf tous recours de
droit. Cette responsabilité est réglée conformément au dernier paragraphe de l'article 1384 du Code civil, et s'étend aux
restitutions, dommages-intérêts et frais, sans pouvoir toutefois donner lieu à la contrainte par corps, si ce n'est pour
les amendes et restitutions encourues pour délits et contraventions commis soit dans la vente, soit à l'ouïe de la cognée;
à l'égard desquelles amendes et restitutions, l'adjudicataire,
comme responsable de ses employés, est contraignable par
corps (206, *Cod.*).

RESTITUTION. Action de rendre, de restituer, de remettre une chose prise ou retenue sans droit. Il y a toujours
lieu à la restitution, dans les cas d'enlèvement frauduleux
de bois et d'autres productions du sol des forêts; à la restitution des objets enlevés ou de leur valeur, et de plus, selon les
circonstances, à des dommages-intérêts, le tout indépendamment des amendes (198, *Cod.*). Pour éviter des redites,
voyez Fraude.

RÉTRIBUTION. Action de rétribuer; autrement, salaire,
récompense d'un travail, d'une opération. Les rétributions
des gardes forestiers pour les citations et significations d'exploits qu'ils font à la requête de l'administration forestière,
sont taxés comme les actes des huissiers des justices de paix
(173, *Cod.*). Quant aux rétributions des arpenteurs pour

l'arpentage des coupes, elles sont fixées par le ministre des finances (20, *Ordonn.*).

REVENTE. Action de revendre, ou seconde vente (24, *Cod.*). *Voyez* FOLLE ENCHÈRE.

RÉVOLUTION. Intervalle qui s'écoule entre une première coupe de bois et celle qui la suit (79, *Ordonn.*).

RHIN. L'un des plus grands fleuves de l'Europe; il sépare l'Allemagne de la France et de la Suisse. Ce fleuve est plusieurs fois nommé dans le Code forestier. *Voyez*, pour éviter les répétitions, ILES DU RHIN, TRAVAUX DU RHIN.

RIVERAIN. Celui qui a des propriétés situées sur les limites ou sur les bords des fleuves, des rivières et des forêts. Il ne peut élaguer les arbres dont les branches donnent sur ses propriétés. *Voyez* PROPRIÉTAIRES RIVERAINS.

ROBRE. Sorte de chêne d'une espèce particulière qui est rangée dans la première classe (192, *Cod.*).

ROMARIN. Arbrisseau toujours vert qui croît à la hauteur de quatre à cinq pieds. *Voyez* ARBRISSEAUX.

RONCES. Arbrisseaux rampants et piquants qui croissent partout, même dans les terres incultes et arides; les ronces mêlées avec des épines font de fort bonnes clôtures; elles doivent être entièrement coupées et enlevées dans les ventes (41, *Cod.*). *Voyez* VIDANGES DES VENTES.

ROULEMENTS DE L'USINE. *Voyez* USINE.

S.

SABLE. Petit gravier plus ou moins menu que l'on trouve sur les côtes et au fond de la mer, dans les fleuves et rivières, et dans certains terrains arides où il se trouve par bancs. Il est défendu d'en extraire ou d'en enlever dans les forêts à peine d'une amende graduée suivant les quantités enlevées. *Voyez* BRUYÈRES.

SAISIE DE BESTIAUX. *Voyez* BESTIAUX, PROCÈS-VERBAUX DE DÉLITS ET CONTRAVENTIONS, JUGE DE PAIX.

SAISIE DE BOIS DE DÉLIT. Action de saisir, de reprendre les bois qui ont été coupés en délit ou frauduleusement enlevés. Cette action se fait par un procès-verbal d'un agent ou d'un garde forestier, ou autres. *Voyez*, pour éviter des redites, GARDES FORESTIERS et PROCÈS-VERBAUX DE DÉLITS ET CONTRAVENTIONS.

SAPIN. Arbre résineux toujours vert, fort haut et très

droit; il y en a de plusieurs espèces, dont l'une produit certaine térébenthine et l'autre la résine proprement dite. Le sapin est de la première classe des arbres pour la fixation des amendes (192, *Cod.*).

SAULE. Arbre d'une médiocre grandeur dont le bois est blanc et flexible, qui croît dans les lieux humides; il est de la seconde qualité des arbres pour le tarif des amendes (192, *ibid.*). Il y en a beaucoup d'espèces, mais toutes sont réputées *mort-bois. Voyez* ce mot.

SAUSSAIE ou Saulaie. Lieu planté de saules. *Voyez* Saule.

SCIE. Instrument de fer et à dents plus ou moins serrées qui sert à scier les arbres et même les pierres. Les arbres marqués pour le service de la marine ne doivent pas être équarris ni détériorés par ses agents, avec des scies, avant leur livraison (133, *Cod.*). Celui qui est trouvé avec une scie dans les bois et forêts, hors des routes et chemins ordinaires, est condamné à une amende de dix francs et à la confiscation de la scie (146, *ibid.*). Dans le cas d'enlèvements de bois, les scies des délinquants sont confisquées (198). Au surplus les peines sont doublées lorsque ces délinquants ont fait usage de la scie pour couper les arbres sur pied (201, *ibid.*).

SCIERIE. Établissement, usine, atelier, destiné à scier les bois.

Les possesseurs des scieries autorisés dans les forêts sont tenus, lorsqu'ils voudront y faire transporter, ou dans les magasins et enclos qui en dépendent, des arbres, billes ou tronces, d'en remettre à l'agent forestier local une déclaration détaillée indiquant de quel lieu ces bois proviennent. Cette déclaration est faite en double minute, dont l'une est visée et remise au déclarant par l'agent forestier qui en tient un registre spécial. Les arbres, billes ou tronces sont marqués sans frais par le garde forestier du canton, ou par un des agents locaux, dans les cinq jours de la déclaration (215, *Ordonn.*).

SECTION de commune. Hameau, village, quartier ou division d'une commune. *Voyez* Communes usagères.

SEGRAIRIE. C'est un bois qui n'est pas partagé, et dont les copropriétaires jouissent en commun. *Voyez* Bois indivis.

SEGRAYER. Est celui qui possède une portion d'un bois indivis, mais qui est confondue dans le tout.

SEMIS. On nomme ainsi les terrains nouvellement semés en glands ou faînes, et dont les jeunes bois commencent à

sortir de terre. *Voyez* ARRACHEMENT, DÉFRICHEMENT, PLAN-
TATION.

SÉQUESTRE. Dépôt, saisie, consignation et garde d'une
chose litigieuse, ou présumée provenir d'un délit ou d'une
contravention, ou ayant servi à la commettre. Les gardes
mettent en séquestre les bestiaux trouvés en délits et les instruments, voitures et attelages des délinquants (161, *Cod.*).
Voyez GARDES FORESTIERS, MAIRES, JUGE DE PAIX.

SERMENT. Action solennelle, religieuse et judiciaire,
qui se fait en levant la main, en prononçant ces mots, *Je le
jure*, et en prenant Dieu à témoin de la vérité des faits jurés.
Les agents et préposés de l'administration ne peuvent entrer
en fonctions qu'après avoir prêté serment devant le tribunal
de première instance du lieu de leur résidence (5, *Cod.*). Les
gardes des bois des communes et des établissements publics
sont en tout assimilés aux gardes des bois de l'État et soumis
à l'autorité des mêmes agents; ils prêtent serment dans les
mêmes formes (99, *ibid.*). Il en est de même des gardes des
particuliers (117, *ibid.*).

SERPE. Instrument de fer affilé et tranchant dont
on se sert pour la coupe des taillis et mort-bois. Quiconque est trouvé avec une serpe dans les bois et forêts, hors
des chemins ordinaires, est condamné à une amende de dix
francs et à la confiscation de la serpe (146, *ibid.*).

SERVICE DE LA MARINE. On désigne par ce mot les personnes et les choses, c'est-à-dire ceux qui font ce service et
les corps que l'on y emploie, tels que les arbres. *Voyez*, pour
complément, DÉPARTEMENT DE LA MARINE, DÉCLARATION
D'ABATAGE, PROCÈS-VERBAL DE MARTELAGE.

SÈVE. Liquide qui circule dans tous les êtres du règne
végétal et qui leur donne la vie. Un arbre privé de sève
est mort. *Voyez* ARBRE MORT.

SIGNIFICATIONS. Actes du ministère d'huissier que les
gardes de l'administration forestière ont le pouvoir de faire
(173, *ibid.*). *Voyez* CITATION, COMMANDEMENT.

SOL FORESTIER. Terrains où sont plantés ou semés
les bois et forêts. *Voyez* DÉLIMITATION GÉNÉRALE.

SOLVABILITÉ. Qualité, état de celui qui est solvable,
c'est à-dire capable de payer ce qu'il doit et de faire honneur
à ses engagements. Les adjudicataires et leurs cautions solvables (20, 25, *Cod.*). *Voyez*, pour éviter des répétitions,
ADJUDICATAIRES, CAUTIONS, PERSONNE CAPABLE.

SOMME. Charge d'un cheval ou d'une autre bête de

8

somme. *Voyez* CONTRAVENTIONS, ENLÈVEMENTS FRAUDULEUX.

SONDE. Instrument qui sert à connaître l'état intérieur des arbres.

SONNETTE. Petit clairon que les usagers doivent suspendre au cou de chaque pièce de bétail qu'ils mettent au pâturage dans les bois.

SORBIER. Arbre à fruit qui s'élève fort haut et pousse beaucoup de rameaux. Son bois est rougeâtre, compacte et solide ; il est de la première classe des arbres pour la fixation des amendes (192, *ibid.*).

SOUCHES. Ce sont des troncs d'arbres coupés qui sont restés en terre ou au niveau de terre, joints et non séparés des racines. Si, à raison de l'enlèvement des arbres et de leurs souches, il est impossible de constater l'essence et la dimension des arbres, l'amende ne pourra être moindre de 50 fr. ni excéder 200 fr. Pour complément de cet article, *voyez* ENLÈVEMENT DES BOIS DE DÉLIT, et le tarif qui en fait partie.

SOUCHETAGE. Visite qui est faite avant la coupe et l'exploitation des bois, afin de vérifier le nombre et la qualité des arbres abattus et des souches arrachées. Dans le mois qui suit l'adjudication pour tout délai, et avant que le permis d'exploiter soit délivré, l'adjudicataire peut exiger qu'il soit procédé contradictoirement avec lui, ou son fondé de pouvoir, au souchetage et à la reconnaissance des délits qui auraient été commis dans la vente et à l'ouïe de la cognée. Cette opération est exécutée, dans l'intérêt de l'État et sans frais, par un agent forestier accompagné des gardes du triage. Le procès-verbal qui en est dressé constate le nombre de souches qui ont été trouvées, leur essence et leur grosseur. Il est signé par l'adjudicataire ou son fondé de pouvoir, ainsi que par l'agent et le garde forestier présent. Les souches sont marquées du marteau de l'agent forestier (93, *ibid.*).

SOUS-INSPECTEUR. Agent forestier dont le grade est inférieur à celui d'inspecteur. Il est placé sous les ordres de l'administration générale, du directeur général, du conservateur de l'arrondissement et de l'inspecteur. *Voyez* AGENT FORESTIER, INSPECTEUR, UNIFORME.

SOUS-INSPECTION. Arrondissement territorial dans lequel le sous-inspecteur exerce ses fonctions ; en d'autres termes, c'est une fraction, une partie, une division de l'inspection. Le nombre et les circonscriptions des sous-inspections sont fixés par le ministre des finances (11 , *Ordonn.*).

STÈRE. Dans le nouveau système métrique, c'est une mesure de solidité qui vaut un mètre cube , ou 29 pieds cubes. Elle n'est utile que pour le bois de chauffage , et répond à peu près aux trois huitièmes de l'ancienne corde de Paris (58 , *Cod.*; 110,122, *Ordonn.*). *Voyez*, pour éviter des répétitions, DÉLIVRANCE , AFFECTATIONS , CONSTRUCTIONS.

SUREAU. Arbrisseau fort commun qui est de la seconde classe des arbres (192 , *Cod.*).

SURENCHÈRE. Acte qui surenchérit , ou offre d'une somme plus forte que celle du prix d'une adjudication. Toute personne capable et reconnue solvable est admise , jusqu'à l'heure de midi du lendemain de l'adjudication , à faire une offre de surenchère , qui ne peut être moindre du cinquième du montant de l'adjudication. Dès qu'une pareille offre a été faite , l'adjudicataire et les enchérisseurs peuvent faire de semblables déclarations de simple surenchère jusqu'à l'heure de midi du surlendemain de l'adjudication , heure à laquelle le plus offrant restera définitivement adjudicataire. Toutes déclarations de surenchère devront être faites au secrétariat qui sera indiqué par le cahier des charges et dans les délais ci-dessus fixés , le tout sous peine de nullité. Le secrétaire commis à l'effet de recevoir ces déclarations est tenu de les consigner immédiatement sur un registre à ce destiné , d'y faire mention du jour et de l'heure précise où il les a reçues, et d'en donner communication à l'adjudicataire et aux surenchérisseurs , dès qu'il en est requis , le tout sous peine de 300 fr. d'amende , sans préjudice de plus fortes peines en cas de collusion. En conséquence, il n'y a lieu à aucune signification des déclarations de surenchère , soit par l'administration , soit par les adjudicataires et surenchérisseurs (25 , *Cod.*). Toutes contestations au sujet de la validité des surenchères sont portées devant les conseils de préfecture (26). Les adjudicataires et surenchérisseurs, sont tenus au moment de l'adjudication ou de leurs déclarations de surenchère , d'élire domicile dans le lieu où l'adjudication a été faite ; faute par eux de le faire , tous actes postérieurs leur seront valablement signifiés au secrétariat de la sous-préfecture (27 , *ibid.*).

SURENCHÉRISSEUR. Est celui qui fait la surenchère. *Voyez* , à l'article qui précède , les formalités relatives à la surenchère , et les obligations du surenchérisseur.

SUSPENSION DES GARDES. Cessation d'exercice de leurs

fonctions. Acte qui leur interdit momentanément cet exercice. *Voyez* ADMINISTRATION, DESTITUTION.

SYSTÈME MÉTRIQUE. Établissement, ordre nouveau des
poids et mesures ; arrangement, combinaison, réunion des
diverses parties des mesures de pesanteur, de capacité, de
longueur. Le nouveau système métrique est enseigné dans
l'école royale forestière, et l'exposition de ce système est un
des points sur lesquels les candidats sont examinés (45,
Ordonn.)..

T.

TAILLIS. Jeune et menu bois produit par les semis ou
plantations, ou qui vient de rejet sur les souches des futaies
que l'on a abattues. Dans toutes les forêts qui seront aménagées à l'avenir, l'âge de la coupe des taillis sera fixé à
vingt-cinq ans au moins ; et il n'y aura d'exception à cette
règle que pour les forêts dont les essences dominantes seront
le châtaignier et les bois blancs, ou qui seront situées sur des
terrains de la dernière qualité (69, *Cod.*). *Voyez* COUPE
EXTRAORDINAIRE, FOSSÉS. Les taillis appartenants aux communes et aux établissements publics, qui auront été reconnus susceptibles d'aménagement ou d'une exploitation régulière par l'autorité administrative, sur la proposition de
l'administration forestière et d'après l'avis des conseils municipaux ou des administrateurs des établisements publics,
sont soumis au régime forestier (90, *Ordonn.*).

TAN. Écorce de chêne, pilée ou non pilée, qui est employée dans la préparation du cuir. *Voyez* ÉCORCER.

TÉMOIN. Est celui qui est appelé à déposer ou qui dépose
dans une enquête civile, ou une instruction criminelle, correctionnelle et de police. En termes forestiers, on appelle
témoins les arbres les plus apparents, que les arpenteurs empruntent au dehors ou au dedans de la coupe, pour servir de témoins dans les angles, où il ne se trouve pas d'arbres
convenables à servir de pieds-corniers ou de parois (76,
Ordonn.).

TERRITORIALE (DIVISION). *Voyez* CIRCONSCRIPTION.

TÊTE. Houppe ou bouquet, partie la plus élevée d'un arbre. *Voyez* ÉHOUPPER, ÉMONDER.

TILLEUL. Grand et bel arbre à fleur rosacée à cinq pétales, d'une odeur très suave. Les fleurs et les feuilles du

tilleul sont utiles en médecine ; son écorce sert à faire des cordages ; son bois est blanc et tendre. Il est de la première classe des arbres pour le tarif des amendes infligées à ceux qui volent des bois. *Voyez* ENLÈVEMENT.

TITRE. Pièce authentique ou sous-signature privée qui contient la preuve d'un droit, d'une propriété, d'une action. Les agents forestiers sont responsables des titres dont ils sont dépositaires (17, *Ordonn.*).

TOURBE. Substance formée de feuilles, de racines et d'herbes réunies par la putréfaction et par masse, dont on se sert pour faire du feu, après l'avoir fait sécher. Il n'est pas permis d'extraire de la tourbe dans les forêts, à peine d'une amende graduée suivant les quantités enlevées. *Voyez* BRUYÈRES.

TOURNANT. Arbre placé à l'extrémité d'une coupe, qui sert à en marquer la limite. *Voyez* TÉMOINS.

TOURNÉE. Visite, vérification, inspection dans les forêts, les triages, cantons, arrondissements, inspections, etc. Chaque agent forestier est tenu de faire les tournées qui lui sont prescrites, soit par l'administration forestière, soit par son supérieur (14, *Ordonn.*).

TRAITE. C'est ainsi que l'on désigne l'action de transporter les bois exploités par l'adjudicataire. On dit aussi chemin de la traite pour indiquer celui du transport des bois.

TRANCHÉE. Fosse, ouverture plus ou moins profonde dans la terre, destinée, soit à servir de clôture, soit à l'écoulement des eaux. Les tranchées que les arpenteurs font dans les bois et forêts pour les faciliter dans le mesurage des coupes, ne peuvent avoir plus d'un mètre de largeur (75, *ibid.*).

TRAVAUX DU RHIN. On nomme ainsi ceux de fascinage et d'endinage qui se font sur le fleuve du Rhin. Dans tous les cas où ces travaux exigent une prompte fourniture de bois ou d'oseraies, le préfet, en constatant l'urgence, peut en requérir la délivrance, d'abord dans les bois de l'État, et, en cas d'insuffisance, dans ceux des communes et des établissements publics ; enfin subsidiairement dans ceux des particuliers : le tout à la distance de cinq kilomètres des bords du fleuve. En conséquence tous propriétaires de bois taillis ou autres dans les îles, sur les rives et à une distance de cinq kilomètres du fleuve, sont tenus de faire à la sous-préfecture, trois mois d'avance, leurs déclarations des coupes qu'ils se proposent d'exploiter. Si, dans le délai de trois mois, les bois ne sont pas requis, le propriétaire pourra en disposer. Tout propriétaire qui, hors les cas d'urgence, coupe ses bois, sans avoir fait la déclaration prescrite, est condamné à une amende d'un franc par are de bois ainsi exploité. L'amende est de 4 fr. par are contre celui qui, après que la réquisition de ses bois lui est notifiée, les détourne de la destination pour laquelle ils ont été requis (136, 137, 138, *Cod.*).

L'exploitation des bois requis dans ceux soumis au régime forestier, est faite par les entrepreneurs des ponts et chaussées d'après les indications et sous la surveillance des agents forestiers (139). Dans les bois des particuliers, l'exploitation est aussi faite par les mêmes entrepreneurs, le tout sous les obligations et la même responsabilité que les adjudicataires des coupes des bois de l'État. Cependant les propriétaires ont la faculté de faire eux-mêmes l'exploitation des bois requis, ce qu'ils doivent déclarer aussitôt que la réquisition leur a été notifiée. A défaut par le propriétaire d'effectuer l'exploitation dans le délai fixé par la réquisition, on y procède à ses frais, sur l'autorisation du préfet (140, *Cod.*). Le prix des bois et oseraies requis, est payé par les entrepreneurs, à l'État, aux communes ou établissements publics, comme aux particuliers, dans le délai de trois mois après l'abatage constaté, et d'après le même mode déterminé pour les arbres marqués pour la marine. Les communes et les particuliers sont indemnisés de gré à gré, ou à dire d'experts, du tort qui peut être résulté pour eux des coupes exécutées hors des saisons convenables (141, *ibid.*). Les contraventions et délits en cette matière sont constatés par procès-verbaux des agents et gardes forestiers, des conducteurs des ponts et chaussées et des officiers de police assermentés, qui devront observer à cet égard les formalités et les délais prescrits par les procès-verbaux des gardes de l'administration forestière (143, *ibid.*). Chaque année, avant le 1er août, le conservateur fournit aux préfets des départements du Haut et Bas-Rhin, un tableau des coupes des bois de l'État, des communes et des établissements publics, qui devront avoir lieu dans ces départements, sur les rives et à la distance de cinq kilomètres du fleuve. Ce tableau, divisé en deux parties, dont l'une comprend les bois de l'État et l'autre ceux des communes et des établissements publics, indique la situation de chaque coupe et les ressources qu'elle peut produire pour les travaux d'endigage et de fascinage (162, *Ordonn.*). Les déclarations prescrites aux propriétaires, et ci-devant énoncées, sont faites dans les formes et de la manière qui sont déterminées pour le service de la marine. Elles sont immédiatement transmises aux préfets par les sous-préfets (163). Le préfet, sur le rapport des ingénieurs des ponts et chaussées, constatant l'urgence, prend un arrêté pour désigner, à proximité du lieu où le danger se manifeste, les propriétés où seront coupés les bois nécessaires pour les travaux. Il adresse cet arrêté à l'agent forestier supérieur de l'arrondissement et à l'ingénieur en chef des ponts et chaussées (164, *Ordonn.*). Lorsque la réquisition porte sur des bois régis par l'administration forestière, les agents forestiers locaux procèdent sur-le-champ, et dans les formes ordinaires, à la désignation du canton où la coupe devra être faite, et aux opérations de bâlivage et de martelage. Lorsque les bois sur lesquels frappe la réquisition appartiennent à des particuliers, l'agent forestier en fait faire par un garde la signification au propriétaire (165). La déclaration à laquelle est tenu le propriétaire qui préfère exploiter lui-même les bois requis, se fait à la sous-préfecture, et le sous-préfet en donne immédiatement avis au préfet et à l'ingénieur des ponts et chaussées chargé de l'exécution des travaux (166). Dans le cas d'urgence ci-devant prévu, le propriétaire qui, pour des besoins personnels, est obligé de faire couper sans délai des bois soumis à la déclaration, doit faire constater l'urgence de la manière déjà exprimée. Le procès-verbal en est transmis au préfet par le sous-préfet (167, *ibid.*). Pour constater l'abatage des bois requis dans ceux régis par l'administration forestière, il en est dressé un procès-verbal par un agent forestier, et dans les autres bois, il en est dressé procès-verbal par le maire de la commune. Lorsqu'il y a lieu de nommer des experts pour la fixation des indemnités, l'expert dans l'intérêt de l'administration des ponts et chaussées est nommé par le préfet. Les ingénieurs ne délivrent aux entrepreneurs des travaux le certificat à fin de paiement pour solde, qu'autant qu'ils justifient avoir entièrement payé les sommes mises à leur charge pour le prix des bois requis et livrés (168, *ibid.*).

TREMBLE. Arbre de la seconde classe qui ressemble au peuplier (192, *Cod.*). Il en est d'une espèce particulière que l'on nomme YPRÉAU.

TRIAGE. On désigne ainsi certaines parties ou certains quartiers ou arrondissements des bois et forêts, eu égard aux coupes qu'on en fait. Les gardes à cheval doivent résider dans le voisinage des triages qui sont confiés à leur surveillance.

Le lieu de leur résidence est indiqué par le conservateur (25, *Ord.*). Dans toutes les opérations de balivage et de martelage, le garde du triage doit y assister, et il est fait mention de sa présence au procès-verbal (78, *ibid.*).

TRIBUNAUX CORRECTIONNELS. Sont ceux qui répriment les délits proprement dits. Ils se composent des mêmes juges qui siègent dans les tribunaux de première instance. Toutes les actions et poursuites exercées au nom de l'administration générale des forêts et à la requête de ses agents, en réparation de délits ou contraventions en matière forestière, sont portées devant les tribunaux correctionnels, lesquels sont seuls compétents pour en connaître, mais à charge d'appel (171, *Cod.*). *Voyez* CITATION, PROCÈS-VERBAUX DE DÉLITS ET CONTRAVENTIONS, et l'article qui suit.

TRIBUNAUX DE POLICE. Ceux qui sont spécialement chargés de réprimer les simples contraventions, et qui sont présidés par les juges de paix. Ces tribunaux jugent en dernier ressort dans un assez grand nombre de circonstances. L'appel de leurs jugements qui sont en première instance, est porté devant le tribunal correctionnel. Il n'est rien changé aux dispositions du Code d'instruction criminelle relativement à la compétence des tribunaux, pour statuer sur les délits et contraventions commis dans les bois et forêts qui appartiennent aux particuliers (190, *Cod.*).

TROÈNE. Arbrisseau peu élevé dont les feuilles toujours vertes se renouvellent sans intervalle, c'est-à-dire que la jeune feuille rejette l'autre ; il est de la seconde classe (192, *Cod.*).

TRONC, TRONCE. Le tronc d'un arbre est le corps ou la tige considérée, sans les branches, dans son état naturel. La tronce, que l'on appelle aussi tronc ou bille, est cette même tige préparée ou équarrie pour être sciée en planches. Aucuns tronc, tronce, bille, ne peuvent être reçus dans les scieries établies avec autorisation dans ou près des forêts, sans avoir été préalablement reconnus par le garde forestier du canton et marqués de son marteau ; ce qui a lieu dans les cinq jours de la déclaration qui en est faite, sous peine contre les exploitants desdites scieries d'une amende de 50 à 300 fr. En cas de récidive, l'amende est double et la suppression de la scierie peut être ordonnée par le tribunal (158, *ibid.*).

TROUPEAU COMMUN. Est celui qui se compose de tous les bestiaux des différents habitants d'une commune usagère, réunis pour être conduits au pâturage dans les bois ou cantons désignés à cet effet. Le troupeau de chaque commune ou section de commune devra être conduit par un ou plusieurs pâtres communs, choisis par l'autorité municipale; en conséquence, les habitants des communes usagères ne pourront ni conduire eux-mêmes, ni faire conduire leurs bestiaux à garde séparée, sous peine de deux francs d'amende. Les porcs ou bestiaux de chaque commune, ou section de commune usagère, formeront un troupeau particulier et sans mélange de bestiaux d'une commune ou section, sous peine d'une amende de 5 à 10 fr. contre le pâtre, et d'un emprisonnement de cinq à dix jours en cas de récidive (72, *Cod.*). *Voyez* COMMUNES, PATRES, BESTIAUX.

TUILERIE. Usine, fabrique, four où l'on fait des tuiles. On ne peut en établir dans l'intérieur et à moins d'un kilomètre des forêts, sans l'autorisation du gouvernement, à peine d'une amende de 100 à 500 fr. et de démolition des établissements (151, *Cod.*).

U.

UNIFORME. Habit complet, fait avec uniformité, pour servir aux corps armés, aux membres des administrations, à leurs agents et préposés. L'uniforme des agents forestiers est réglé ainsi qu'il suit : pour tous les agents, habit et pantalon de drap vert, l'habit boutonné sur la poitrine, le collet droit, le gilet chamois, les boutons de métal blanc, ayant un pourtour de feuilles de chêne et portant au milieu les mots, *Direction générale des forêts*, avec une fleur de lis; le chapeau français avec une ganse en argent et un bouton pareil à ceux de l'habit; une épée. La broderie est en argent et le dessein en feuilles de chêne. Les conservateurs portent la broderie au collet, aux parements et au bas de la taille de l'habit et du gilet. Les inspecteurs portent la broderie au collet et aux parements. L'habit des sous-inspecteurs est brodé au collet avec une baguette unie aux parements. Les gardes généraux ont deux rameaux de chêne de la longueur de dix centimètres brodés de chaque côté du collet de l'habit (18, *Ordonn.*). L'uniforme des arpenteurs est de même forme et de même couleur que celui des agents forestiers, mais le collet et les parements sont en velours noir, avec une broderie pareille à celles des gardes généraux. *Voyez* ÉLÈVES.

URGENCE. Chose pressante, qui ne souffre point de délai.

Ce mot est employé plusieurs fois dans le Code forestier et dans l'ordonnance d'exécution. *Voyez* Travaux du Rhin.

USAGE. Faculté, droit, jouissance d'une chose quelconque, et spécialement d'obtenir des bois de chauffage et autres, dans les taillis ou les forêts; d'y envoyer des porcs et des bestiaux en panage, pâturage, etc. Ne sont admis à exercer un droit d'usage quelconque dans les bois de l'État, que ceux dont les droits étaient, au jour de la promulgation du Code forestier, reconnus fondés, soit par des actes du gouvernement, soit par des jugements ou arrêts définitifs, ou qui seront reconnus tels par suite d'instances administratives ou judiciaires actuellement engagées, ou qui seraient intentées devant les tribunaux dans le délai de deux ans à dater du jour de la promulgation de la présente loi, par des usagers actuellement en jouissance (61, *Cod.*). Il ne sera plus fait à l'avenir aucune concession d'usage dans les forêts de l'État, sous aucun prétexte (62). Le gouvernement pourra même affranchir ses forêts, des droits d'usage en bois, actuellement existant, moyennant un cantonnement en bois (63). *Voyez* Cantonnement et Rachat. Quant aux autres usages, tels que le panage, la glandée, le pâturage, ils pourront être rachetés moyennant une indemnité. *Voyez*, pour éviter des répétitions, Indemnités, Rachat. Au surplus, les droits d'usage non rachetés sont susceptibles de modifications ou réductions. Pour les connaître, *voyez* Communes usagères, Bestiaux, Chèvres, Chemins, Fossés, Délivrances, Paturage, Panage.

USAGE dans les bois des particuliers. C'est le même que celui existant dans les bois soumis au régime forestier. En conséquence, les dispositions applicables à ce régime, relativement au droit d'usage dans les forêts de l'État, sont également applicables aux bois des particuliers chargés de la même servitude (120, *Cod.*).

USAGERS. Ceux qui sont possesseurs ou jouissent du droit d'usage; qui sont habitants d'une commune usagère. *Voyez* ce qui est dit à Usage, Cantonnement, Communes usagères, Bestiaux. Les usagers ne peuvent jouir du pâturage et du panage que pour ceux qui sont à leur usage, et non pour ceux dont ils font commerce, à peine d'une amende double de celle qui est établie graduellement à contravention. Les usagers sont tenus de mettre des clochettes au cou de tous les animaux admis au pâturage, sous peine de 2 fr. d'amende pour chaque bête qui est trouvée sans clochette dans les bois et forêts (75, *Cod.*). Si les usagers introduisent au pâturage un plus grand nombre de bestiaux, ou au panage un plus grand nombre de porcs que celui qui a été fixé par l'administration, il y a lieu, pour l'excédant, à l'application des peines prononcées par l'article 199 du Code. *Voyez* CONTRAVENTION. Il est défendu à tous usagers, malgré tout titre ou possession contraire, de conduire ou faire conduire des chèvres, brebis ou moutons dans les forêts ou sur les terrains qui en dépendent. *Voyez* CHÈVRES, pour éviter des redites fatigantes. *Voyez* aussi CONFISCATION, DESTINATION DES BOIS. Il est encore défendu aux usagers d'abattre, de ramasser ou d'emporter des glands, faînes ou autres fruits et productions des forêts, à peine d'une amende graduée suivant la quantité enlevée. *Voyez* BRUYÈRES. Tout usager qui, dans les cas d'incendie, refuse de porter des secours dans les bois soumis à son droit d'usage, est traduit en police correctionnelle, privé de ce droit pendant un an au moins et cinq ans au plus, et condamné en outre aux peines portées en l'article 475 du Code pénal (149, *ibid.*).

USANCE. C'est le synonyme d'exploitation des coupes ou des ventes. *User* une vente, c'est l'exploiter. *Voyez* EXPLOITATION et VIDANGE.

USINE. Établissement, atelier. On nomme ainsi les forges, les scieries, verreries, tuileries, fours à chaux et à plâtre. Pour éviter des répétitions, *voyez* AFFECTATION, CANTONNEMENT, ENCEINTE, GARDES FORESTIERS, LOGE, FERMES, FORGES.

V.

VACATION. On ne doit plus en exiger des communes et des établissements publics. Toutes les opérations d'arpentage, de réarpentage et autres, les poursuites, perceptions, etc., que les agents forestiers font dans l'intérêt des communes et des établissements publics, sont faites sans frais, au moyen d'une indemnité perçue par le gouvernement. *Voyez* INDEMNITÉ.

VACHE. Grand quadrupède ou mammifère ruminant, femelle du taureau. L'amende pour chaque vache trouvée de jour en délit dans les bois de dix ans et au-dessus, est de 5 francs (199, *Cod.*).

VALEUR ESTIMATIVE. Est celle qui est donnée par des experts, agents forestiers ou autres, à des dégâts, à des bois coupés ou enlevés, etc. *Voyez* VIDANGE DES VENTES.

VEAU. Le petit de la vache. L'amende pour un veau trouvé en délit est la même que pour une vache. (199, *ibid.*).

VENTE. Ce mot est souvent pris pour synonyme de coupe ; il désigne en effet, dans l'idiome forestier, la coupe adjugée ou vendue. Ainsi, en parlant de la partie de bois acquise par un adjudicataire, on dit *sa vente :* c'est ainsi que l'on dit vidange des ventes, nettoiement des ventes. *Voyez* ADJUDICATAIRE.

VENTE CLANDESTINE. Est celle qui n'a pas été faite publiquement en observant les formalités prescrites. *Voyez* l'article précédent.

VENTE DE BESTIAUX. Action de les vendre publiquement aux enchères. Ceux qui sont saisis en délit se vendent ainsi. Pour éviter des répétitions, *voyez* JUGE DE PAIX.

VENTE ET ADJUDICATION. Acte ou procès-verbal qui adjuge au plus haut enchérisseur une coupe de bois ordinaire ou extraordinaire, ou le droit de panage et de glandée. Déjà nous avons donné une définition presque semblable au mot adjudication, et nous aurions pu y réunir les dispositions qui vont suivre, mais nous avons cru convenable de diviser les matières, parceque le code forestier emploie aussi souvent les termes *vente et adjudication*, que celui d'*adjudication* seul. Aucune vente ne peut avoir lieu dans les bois de l'État que par voie d'adjudication publique, laquelle doit être annoncée au moins quinze jours d'avance par des affiches apposées dans le chef lieu du département, dans le lieu de la vente ; dans la commune de la situation des bois et dans les communes environnantes (17, *Cod.*). Toute vente faite autrement est nulle. Les fonctionnaires qui auraient ordonné ou effectué la vente seraient passibles d'une amende de 3,000 fr. au moins et de 6,000 fr. au plus et l'acquéreur serait puni d'une amende égale à la valeur des bois (18). De même est nulle la vente qui n'a pas été précédée d'affiches, quoique adjugée publiquement. Les fonctionnaires ou agents qui y auraient participé seraient passibles d'une amende de 1,000 à 3,000 fr. Les ventes des coupes dans les bois des communes et des établissements publics sont faites dans les mêmes formes que celles des bois de l'État, en présence du maire ou d'un adjoint, ou de l'un des administrateurs pour ceux des établissements publics (100, *Cod.*). Pour compléter cet article et éviter des répétitions, *voyez* AFFICHES, ADJUDICATION, ENCHÈRES et PROCÈS-VERBAL D'ADJUDICATION.

VERGNE. C'est l'aulne, arbre de seconde classe.

VÉRIFICATEUR général. Agent de l'administration forestière chargé de faire la vérification générale des arpentages. Il est nommé par le ministre des finances (9 , *Ord.*).

VÉRIFICATIONS. Actions de vérifier. Tous les agents forestiers sont chargés d'en faire, suivant l'ordre hiérarchique et suivant les ordres qui leur sont donnés (14 , *ibid.*).

VERRERIE. C'est à la fois l'art de fabriquer le verre et le nom de l'usine ou fourneau dans lequel il est fabriqué. Le propriétaire d'une verrerie ne peut occuper un emploi forestier dans l'étendue de la conservation où il fait ses approvisionnements de bois (52 , *Ordonn.*).

VICE d'exploitation. Faute , manquement, contravention. Les vices d'exploitation, occasionés par les adjudicataires ou leurs employés, sont constatés par des procès-verbaux dont on peut faire suite, s'il y a lieu, avant le récolement même. (*Voyez* ce mot.)

VIDANGE des ventes. C'est nettoyer les coupes et enlever tous les bois exploités et autres, ainsi que les épines, arbustes , ronces et généralement tout ce qui peut être nuisible dans les ventes exploitées. On entend aussi par vidange le délai accordé à l'adjudicataire pour couper et enlever ses bois. Ce délai est fixé par le cahier des charges; il peut cependant être prorogé par l'administration forestière. *Voyez*, pour éviter des répétitions, Adjudicataire , Délivrance , Réarpentage , Récolement.

VIDES et clairières. Lieux dégarnis d'arbres ou dépeuplés dans les forêts. *Voyez*, pour le mode de les repeupler autrement que par adjudication, Repeuplement.

VISA. Formule apposée sur un acte par l'officier qui en a le droit , et qui donne par là certaine authenticité à l'acte. Les maires apposent leur visa sur les procès-verbaux de martelage des arbres choisis par les agents de la marine dans les bois de l'État , des communes , des établissements publics et des particuliers , à peine de nullité (126 , *Cod.*). *Voyez* Procès-verbal de martelage.

VOITURE. Charrette, coche ou autre instrument qui sert au transport des bois. Les voitures des délinquants peuvent et doivent être saisies par les gardes et autres agents qui les trouvent en délit (161 , *Cod.*). Ceux dont les voitures sont trouvées dans les forêts, hors des routes et chemins ordinaires , sont passibles d'une amende de 10 francs par chaque voiture lorsque les bois ont dix ans et plus; mais s'ils ont moins de dix ans, l'amende est de vingt 20 par voiture , sans préjudice des dommages-intérêts qui peuvent être exigibles (147 , *ibid.*).

Y.

YEUSE. Sorte de chêne vert qui est rangé dans la première classe.

YPRÉAU. *Voyez* TREMBLE.

DEUXIÈME PARTIE.

DEUXIÈME PARTIE.

FORMULAIRE

DE TOUS PROCÈS-VERBAUX, ACTES DE POURSUITES ET AUTRES
EN MATIÈRES FORESTIÈRES.

L'uniformité dans la rédaction des actes de procédures et autres destinés à l'exécution des lois, est désirable sous plusieurs rapports importants, car elle peut simplifier à la fois et l'action de la justice et les fonctions des officiers. Cependant cette uniformité est loin de régner en général, surtout dans la rédaction des procès-verbaux des gardes forestiers, dont un grand nombre sont encore réduits à faire écrire leurs actes par des mains étrangères. Nous avons donc pensé que des formules régulières et invariables des actes les plus usités dans les poursuites forestières, pourraient être utiles, non seulement aux gardes, mais encore à MM. les maires, adjoints, juges de paix, suppléants, greffiers, qui concourent souvent à la perfection de ces actes, et enfin aux propriétaires, usagers, adjudicataires et autres, contre lesquels ces mêmes actes sont exercés. Tous sont intéressés directement à connaître leur régularité, les uns pour les faire maintenir, les autres pour les faire tomber lorsqu'ils sont irréguliers.

L'utilité de ces formules doit être d'autant mieux sentie et reconnue, qu'il s'agit d'exécuter un Code entier, tout nouveau et bien peu connu.

Mais avant de tracer ces formules, faisons sommairement quelques observations sur les éléments qui doivent entrer dans la rédaction d'un procès-verbal de délit forestier et sur les formalités extrinsèques qu'il exige.

S'il s'agit d'un délit de pâturage, le nombre, la qualité, la désignation par leurs espèces, des animaux divaguant ou pâturant, doivent être exactement désignés dans le procès-verbal; il est nécessaire d'y déclarer aussi si ces animaux sont gardés ou abandonnés à eux-mêmes, et, dans le cas contraire, les noms, qualités et demeures des gardiens, et des propriétaires, autant qu'ils sont connus. Si les gardiens ont des rapports de parenté avec les propriétaires, il faut en faire mention.

Si les délinquants sont inconnus au garde, il doit également constater le délit avec les mêmes formalités que si le délinquant lui était connu, et remettre son procès-verbal au garde général; mais auparavant il doit en faire et retenir une copie entière avec mention de l'enregistrement et de l'acte d'affirmation, pour être dans le cas de rédiger un second procès-verbal, s'il vient à découvrir le délinquant, avant que le temps de la prescription du délit soit écoulé. Ce second procès-verbal est rédigé, affirmé et enregistré comme le premier.

C'est encore un second procès-verbal que le garde doit dresser dans le cas où, par un premier acte, il eût désigné le délinquant sous des noms qui ne sont pas les siens.

S'il s'agit d'une coupe de bois ou d'enlèvements d'arbres, le garde doit établir toutes les circonstances et tous les indices capables d'établir la preuve du délit. Il ne doit ni négliger d'exprimer les contours, les essences des arbres, leur grosseur ou circonférence, la hauteur de terre à laquelle cette grosseur existe, l'état des souches en forêt, leurs rapports avec les arbres coupés, ni omettre de constater tout ce qui peut assurer l'identité des comparaisons et des détails qu'il reconnaît, notamment ceux que fournissent l'écorce, la mousse, les vices, les caries des arbres, les entailles et les traces d'instruments, l'état de sève ou de sécheresse des différentes parties des bois, coupées, enlevées ou restées, etc.

Toutes les fois que les gardes découvrent des bois de délit, ils ne doivent pas oublier d'en frapper les extrémités de leur marteau, ainsi que les souches en forêt, si elles sont reconnues.

Si un arbre est ébranché, le garde ne doit pas constater ce fait seul, mais exprimer si l'arbre sera vicié ou dégradé par suite de l'ébranchement.

Il doit donner une valeur aux petites quantités de bois qu'il reconnaît provenir de délit, soit à dos d'hommes, soit à charge de cheval ou autres bêtes de somme.

S'agit-il de saisir une voiture et son attelage, soit en cas d'enlèvement de bois de délit, soit à cause d'un passage dans un lieu interdit aux adjudicataires ou aux usagers, le garde doit désigner exactement la voiture, la plaque qui peut y être apposée, le nombre, la qualité ou espèce des bêtes qui y sont attelées, les noms et demeure du conducteur, ceux du propriétaire de la voiture et des animaux; il est nécessaire de désigner encore le lieu où se trouve la voiture, celui de son entrée et celui de sa sortie dans la forêt, l'étendue du terrain qu'elle a parcouru, le dommage qu'elle a causé, en spécifiant particulièrement les essences, contour, et nombre des arbres endommagés et la gravité du mal. Enfin si le bois dégradé n'est qu'un taillis, il suffit que le garde estime approximativement le dommage.

Ces désignations faites, le garde met la voiture et son attelage en séquestre, ou en fourrière, suivant les circonstances qui seront développées dans les différentes formules.

Lorsqu'il s'agit de la reconnaissance des bois de délit déposés chez un particulier, la première chose et la plus importante à observer, c'est de constater l'identité de ces bois soit avec les souches en forêt, soit avec ceux qui sont gisant dans la maison du prévenu, ce qui se fait par la comparaison de leurs espèces et grosseurs, autrement dit par un procès-verbal de rapatronage ou de ressouchement, auquel le prévenu doit être sommé d'assister.

Si le délit reconnu par le garde provient du fait d'un adjudicataire, soit par contravention au cahier des charges, soit autrement, ce garde doit le constater, encore qu'il puisse l'être lors du récolement, en exprimant tous les faits et leurs circonstances. Par exemple si la coupe des bois exploités n'est pas faite au niveau de la terre et avec la cognée; si les souches sont écuissées ou déracinées; par exemple encore, si les ouvriers de l'adjudicataire ont coupé des bois au-delà des limites de la coupe; s'ils ont abattu des baliveaux, des pieds-corniers ou des arbres de lisières marqués en réserve, soit pour croître en futaies, soit pour le service de la marine, etc. Dans ces différentes circonstances les gardes doivent énoncer dans leurs procès-verbaux, l'essence, la circonférence et la quantité des arbres abattus, leur reconnaissance avec les souches, les marques, empreintes ou griffages dont ils ont été frappés, et la désignation des lieux où existaient les arbres avant la coupe ou le déplacement.

Mais quelle que soit l'espèce du délit constaté, il est des formalités indispensables et communes à tous procès-verbaux.

1° Ils doivent être rédigés, écrits et signés par les gardes qui les rapportent, sans exception. Cependant en cas d'empêchement les gardes font écrire leurs procès-verbaux par l'un des officiers qui ont l'autorité de recevoir leurs affirmations, ou même par le greffier du juge de paix. Dans ce même cas l'officier fait mention de l'empêchement, et dans l'acte d'affirmation il constate qu'il en a d'abord donné lecture au garde, à peine de nullité.

2° Ces affirmations sont faites au plus tard le lendemain de la clôture des procès-verbaux, aussi à peine de nullité, devant le juge de paix du canton ou l'un de ses suppléants, ou devant le maire ou l'adjoint de la commune, soit de la résidence du garde, soit de celle du lieu du délit (art. 165, *Cod. for.*). Il est bien que l'heure de l'affirmation soit exprimée.

Les procès-verbaux des gardes à cheval, des gardes généraux, des agents forestiers, ne sont point assujettis à l'affirmation.

3° Les procès-verbaux sont faits en double minute, sur papier visé pour timbre en *débet*, lorsqu'ils sont dressés pour le compte du gouvernement ou de la couronne, des communes ou des établissements publics ; ils le sont sur papier timbré quand ils constatent des contraventions ou délits commis dans les bois des particuliers ; ils sont enregistrés dans les quatre jours qui suivent celui de l'affirmation, à peine de nullité (art. 170, *ibid.*), et d'une amende de 25 fr. dont le garde est passible pour avoir négligé de faire remplir cette formalité dans le délai prescrit.

Lorsque les procès-verbaux portent saisie, il en est déposé une copie régulière et signée au greffe de la justice de paix, dans les 24 heures, par les gardes qui les ont dressés.

Tous ces procès-verbaux doivent être remis, savoir, ceux des gardes forestiers à leur supérieur immédiat, dans les trois jours de l'acte d'affirmation, suivant l'article 18 du Code d'instruction criminelle et le 181ᵉ de l'ordonnance réglementaire sur le Code forestier ; ceux qui sont rapportés par les agents de la marine sont remis dans le même délai aux agents forestiers chargés de la poursuite devant les tribunaux, et ceux qui sont rédigés par les gardes des bois des particuliers sont remis par eux, dans le délai d'un mois à dater de l'affirmation, au procureur du roi, ou au juge de paix, suivant leur compétence respective (191, *Cod. forest.*).

Enfin et indépendamment de tout ce que nous avons dit sur la rédaction en général et en particulier des procès-verbaux des gardes, ceux-ci doivent se conformer d'ailleurs pour cette même rédaction aux dispositions prescrites par l'article 16 du Code d'instruction criminelle.

Il convient maintenant de donner les différentes formules que nous avons annoncées ; elles vont être tracées par ordre alphabétique, afin de les reconnaître plus facilement ; mais nous devons observer que ce formulaire ne doit pas comprendre les actes principaux d'administration forestière, tels que les adjudications, les délimitations, bornages, arrêtés des préfets, affiches et autres actes dont les modèles sont donnés par la direction générale et par les préfets.

A.

ABANDON *de bestiaux dans les bois.*

PROCÈS-VERBAL N° 1er.

Direction générale des forêts. *Inspection de   Sous-inspection de   Arrondissement de*
Aujourd'hui,   avril 182   , moi   (*ici les pré-noms, nom, résidence*), garde des forêts royales (ou des bois de tel particulier ou de telle commune), ayant ser-ment en justice, suivant la loi et portant mon uniforme (ou simplement ma bandoulière), déclare et certifie qu'étant dans le cours de mes tournées ordinaires, et me trouvant dans   (*ici désigner le lieu, le canton, la pièce de bois où se trouve le garde, et l'essence particulière du bois*), j'ai rencontré un cheval poil noir, qui m'a paru âgé de   , lequel, sans être gardé par personne, broutait les branches des arbres, ou pâturait les herbages accrus dans cet endroit. J'ai d'ailleurs observé que cet animal avait déjà brouté et endommagé plus ou moins fortement les branches de plu-sieurs jeunes arbres, en essence de   , au nombre de   ou plusieurs cépées de telle essence dans une éten-due de   mètres ou environ, lequel dommage j'ai estimé à   . Et pour prévenir un plus grand dommage et parvenir à reconnaître le propriétaire ou le détenteur dudit cheval, qui m'est inconnu, j'ai saisi cet animal que j'ai conduit à   au domicile du sieur   , aubergiste, en lui dé-clarant que mon intention était de mettre ledit cheval en fourrière chez lui, ce qu'il a accepté. En conséquence, je lui ai remis l'animal, dont je l'ai constitué gardien et séquestre ; de quoi j'ai rédigé le présent procès-verbal en double mi-nute, suivant la loi, en présence et au domicile dudit (le séquestre), qui a signé avec moi après lecture. (*Suivent les signatures, l'enregistrement et l'acte d'affirmation, dont nous donnerons ci-après un modèle.*)

Nota. La formule ci-dessus est susceptible de deux varia-tions. La première, lorsque les animaux abandonnés sans garde sont plusieurs ensemble, ou d'une espèce différente que celle qui est supposée ; alors le garde doit désigner le nombre, la qualité, le sexe, le poil, l'âge des animaux ou bestiaux.

La seconde a lieu lorsqu'après avoir saisi les bêtes abandonnées dans les bois, il se présente au garde, un pâtre ou un propriétaire qui réclame les animaux. Alors le garde varie la rédaction de son procès verbal en ces termes :

« Et voulant conduire lesdits bestiaux en fourrière, s'est présenté J.   , demeurant à   , lequel m'a dit qu'il est le pâtre (ou le propriétaire) de ces bestiaux, qui se sont trouvés abandonnés par   (*ici exprimer la cause de l'abandon alléguée par J.*); que cette circonstance est excusable, et qu'il réclame la remise desdits bestiaux sans autre suite. Mais ne pouvant avoir égard à une semblable réclamation, j'ai fait sortir du bois les animaux ci-dessus désignés en les laissant à la garde dudit J.   , auquel j'ai déclaré procès-verbal des faits et circonstances ci-dessus, en l'invitant à me suivre dans mon domicile, pour assister à la rédaction de cet acte, en entendre lecture et le signer, à quoi il s'est refusé. En conséquence, j'ai rédigé le présent en mondit domicile, les jour, mois et an que dessus, en double minute suivant la loi. (*Suit la signature, l'enregistrement et l'acte d'affirmation.*)

Nota. En marge ou en tête de chaque procès-verbal il faut écrire l'intitulé : DIRECTION GÉNÉRALE DES FORÊTS, etc., qui est écrit au n° 1er de l'autre part. *Voyez* plusieurs modèles relatifs à des dommages ou dégâts dans les bois, aux mots BESTIAUX, CHÈVRES, etc.

ADJUDICATAIRE. *Coupe d'arbre réservé dans sa vente.*
(*Art. 33 et 34, Code forestier.*)

PROCÈS-VERBAL N° 2.

Le   février 182 ,   heure du   , moi (*ici les prénoms, nom et demeure*), garde forestier royal du triage de   , n° , forêt de   , demeurant à   commune de   , arrondissement de   , ayant serment en justice, et portant ma bandoulière (ou uniforme), certifie que m'étant transporté dans la coupe de   (*la désigner exactement*), actuellement en usance ou exploitation, dans la forêt de   , n° , commune de   , avons remarqué que les ouvriers du sieur P....., adjudicataire de ladite coupe, se sont permis d'abattre un baliveau qui faisait partie de ceux mis en réserve. M'étant approché des ouvriers, je les ai requis de me déclarer leurs noms, prénoms et demeures, et ils m'ont dit se nommer, savoir : (*ici les désignations convenables*). Ayant demandé auxdits pourquoi ils avaient coupé ce baliveau, ils m'ont répondu que   (*ici la réponse*). Procédant ensuite à la vérification de l'arbre coupé, et à son ressouchement, j'ai reconnu et fait reconnaître auxdits ouvriers que ce baliveau est en essence de chêne ; qu'en le comparant avec la souche dont il a été séparé, il est d'une grosseur ou circonférence de   décimètres, mesurée à   hauteur du sol ; qu'il est un baliveau de l'âge (ou ancien ou moderne), et qu'il porte l'empreinte du marteau royal ; qu'au surplus la souche près de laquelle est ledit arbre est bien celle sur laquelle il a été coupé, ce qui reste évident non seulement par les contours, mais encore par les écorces, les entailles des instruments, et l'état de sève (ou de sécheresse) de l'arbre et de sa souche. Cela fait, j'ai frappé de mon marteau ledit arbre (*à tel endroit*), ainsi que sa souche, et j'ai déclaré auxdits   que je saisis ce même arbre dont je les établis gardiens et séquestres, en les invitant à se rendre à mon domicile pour assister à la rédaction du présent procès-verbal, en entendre lecture et le signer, ce qu'ils n'ont voulu faire, etc. (*La suite comme à la formule précédente dans la variation qui la termine.*)

Nota. S'il a été coupé plusieurs arbres, il faut faire le ressouchement de chacun en particulier, quel qu'en soit le nombre.

ADJUDICATAIRE. *Transport de bois avant le lever ou après le coucher du soleil.*

PROCÈS-VERBAL N° 3.

Le   mars 182 ,   heure du   , moi   (*prénoms et nom*), garde forestier du triage de   , forêt de   , demeurant à   , commune de   , etc., ayant serment en justice, et revêtu de ma bandoulière, etc., rapporte et certifie qu'étant dans mes visites ordinaires, dans le chemin qui conduit de   à   , lequel chemin est désigné pour le transport ou traite des bois prove-

nant de la vente n°   , forêt de   , dont le sieur N...,
demeurant à   , est adjudicataire ; j'ai rencontré
une voiture à deux roues attelée de quatre chevaux, poil
blanc (ou noir), d'âges inconnus (ou de l'âge de   ),
ladite voiture chargée de bûches de chêne, et conduite par
un particulier que j'ai reconnu pour être le domestique dudit
sieur N...; Ayant fait arrêter cette voiture, j'ai reconnu que
les bûches dont elle est chargée sont marquées du marteau
particulier dudit N....; alors j'ai demandé au conducteur par
quels motifs il transportait, contrairement à l'ordonnance, des
bois de la vente de N...., avant le lever du soleil (ou après
son coucher); à quoi il m'a répondu que   (*écrire sa
réponse*). Attendu la contravention dudit N...., je lui en ai
déclaré procès-verbal, parlant à son domestique, lequel j'ai
requis de se rendre dans mon domicile pour assister à la rédaction de cet acte, en entendre lecture, etc. (Le reste,
comme à la fin de la variation du procès-verbal, n° 1ᵉʳ.)
Fait double, etc. (*Suivent les signatures, enregistrement,
affirmation.*)

Nota. Si le conducteur de la charrette chargée de bois était
inconnu au garde, il devra varier ou modifier son procès-
verbal de cette manière :

« Ayant fait arrêter cette voiture, j'ai requis son conduc-
» teur de me déclarer ses prénoms, nom, qualité et demeure,
» à quoi il a répondu qu'il se nomme R. G...., demeurant à
      , domestique de N...., adjudicataire de la coupe n°   ,
» forêt de   , dans laquelle coupe il a pris les bois dont sa
» charrette est chargée; et ayant vérifié lesdites bûches, j'ai
» reconnu qu'elles sont marquées, etc. (le reste suivant le
modèle). *Suivent les signatures, enregistrement et affirmation.*

ADJUDICATAIRE *faisant la traite ou transport de ses bois
par un chemin non désigné.*

PROCÈS-VERBAL N° 4.

Aujourd'hui   mars 182   ,   heure du   ,
moi   , garde des forêts royales, ou du triage, de, etc.
(*comme aux modèles n°ˢ* 1 *et* 2), ayant serment en justice,
et décoré de ma bandoulière, certifie que j'ai rencontré dans
le chemin qui conduit de   à   , trois charrettes at-

telées chacune de quatre bœufs (ou chevaux) conduites chacune par un conducteur particulier, et chargées de différents bois. Les chevaux attelés à la première charrette sont, savoir : deux , poil noir , âgés de cinq ans , un troisième poil rouge , âgé de   , et l'autre poil blanc , d'âge inconnu ; ceux attelés à la seconde charrette sont :   etc., ceux attelés à la troisième charrette sont :   etc. Ayant fait arrêter ces trois charrettes, j'ai requis les conducteurs de me déclarer leurs prénoms , noms, qualités et demeures , et d'où proviennent les bois qu'ils conduisent   (*exprimez leurs déclarations*). Sur ces réponses, ayant visité les bois chargés sur lesdites charrettes , j'ai reconnu que l'une est chargée de   pièces de bois équarris, et les autres de   bûches, le tout en essence de chêne , et marqué de l'empreinte du marteau de G...., adjudicataire de la vente n° , forêt de . Cela fait, j'ai remonté le chemin dont il s'agit avec les conducteurs des voitures , et j'ai reconnu par leurs traces qu'elles sortaient effectivement de ladite vente , après avoir passé sur une partie de cette forêt en formant une route nouvelle , mais sans avoir commis de dommage ; et cependant comme ledit G.... est en contravention, en faisant transporter ses bois par un chemin non désigné à cet effet , pour sa vente particulière , et en pratiquant une autre route , je lui ai déclaré procès-verbal de ladite contravention , en parlant à ses conducteurs ci-dessus nommés , lesquels j'ai requis de se rendre à mon domicile pour assister à la rédaction, etc. (*Le reste comme aux deux premiers modèles.*)

ADJUDICATAIRE *coupant des bois hors des limites de sa vente.* (*Art.* 29, *Cod. forest.*)

PROCÈS-VERBAL N° 5.

L'an 182 et le janvier , heure d , moi garde forestier du triage de , etc. (*le reste comme au modèle n°* 2), certifie que m'étant transporté sur la vente n° , dans la forêt de , maintenant en usance par le sieur A..., demeurant à , qui en est adjudicataire ; et après avoir parcouru les limites de ladite vente, j'ai reconnu que celles faisant face à l'ouest ont été méconnues et violées par ledit sieur A... ou ses ouvriers , qui ont coupé hors de ces limites une quantité assez considérable de bois taillis. Alors ayant rencontré ledit A... dans sa vente , à une distance peu éloignée, je lui ai fait mes observations sur son délit, en le sommant de venir avec moi sur la partie de forêt non comprise dans sa vente, et qu'il a cependant fait exploiter ; à quoi il a répondu que   (*ici sa réponse*). Etant retourné sur la partie indûment coupée, j'ai, en présence dudit A..., mesuré l'étendue de cette outrepasse, qui s'est trouvée être de   mètres de longueur et de   mètres de largeur. J'ai ensuite remarqué et fait remarquer audit A... que l'essence des bois coupés est en nature de   ; que les brins sont gisants près des coupes, auxquelles ils se rapportent parfaitement par leur grosseur, essence, écorce, état des coupes et entailles de la cognée ; qu'enfin lesdits bois coupés sont des taillis de l'âge de   , qui peuvent fournir   fagots ou   bûches de la valeur de   . Cela fait, j'ai déclaré audit sieur A... saisie de ces bois, dont je l'ai établi séquestre et gardien, ce qu'il a accepté. Et j'ai dressé sur le lieu le présent procès-verbal en double partie, dont j'ai donné lecture audit A..., qui a signé avec moi (*ou refusé de le faire, ou déclaré ne le savoir de ce enquis et interpellé*).

Nota. Si l'adjudicataire ne se trouve pas sur les lieux, le garde recherche ses ouvriers, ou mieux son garde-vente, avec lequel (ou lesquels) il procède comme il est dit ci-dessus.

Et s'il n'est pas possible de verbaliser sur les lieux, le garde somme les personnes présentes de se rendre à son domicile, comme il est dit formule n° 2. Enfin s'il n'y a personne dans la vente, le garde seul dresse son procès-verbal suivant le modèle, mais il en excepte tout ce qui est relatif aux personnes supposées être présentes.

Il est une autre variation dont ce modèle peut être susceptible, c'est lorsqu'il a été coupé, hors des limites, des pieds-corniers, des parois ou témoins, ou des baliveaux. Alors le garde fait une désignation spéciale de ces arbres, désigne leur essence, le griffage ou empreinte dont ils sont frappés, en fait la saisie et le ressouchement, le tout comme dans la formule n° 2.

ADJUDICATAIRE *qui fait peler ou écorcer sur pied, les bois de sa vente.*

MODÈLE N° 6.

Aujourd'hui, février 182 , moi (*noms, prénoms*), garde forestier du triage de , etc. (*suivez la formule n° 2*), étant dans l'exercice de mes fonctions et me trouvant dans la coupe n° , forêt de , commune de , j'ai vu deux ouvriers qui étaient occupés à peler et écorcer des arbres sur pied. M'étant approché d'eux, je leur ai demandé leurs noms, prénoms, qualités et demeures, en leur reprochant le dégât qu'ils commettaient, à quoi ils ont répondu se nommer, savoir : (*ici leurs déclarations*); qu'en écorçant lesdits bois, ils agissaient par ordre du sieur P..., adjudicataire de la coupe n° . Sur cela et vu la contravention dudit P... à l'art. 36 du Code forestier, j'ai reconnu que les arbres pelés sont au nombre de , en essence de , et j'ai saisi les écorces qui en ont été enlevées, lesquelles j'estime être dans le cas de former une charge de cheval (ou d'homme, ou de voiture). Cependant j'ai laissé lesdites écorces à la garde des ci-dessus nommés, que j'en ai établi séquestres et que j'ai requis de se rendre dans mon domicile pour assister à la rédaction du présent procès-verbal : ce qu'ils n'ont voulu faire. Alors m'étant rendu dans mon domicile, j'ai rédigé en double minute le présent, etc. (*signatures, enregistrement, affirmation.*)

ADJUDICATAIRE *qui dépose dans sa vente d'autres bois que ceux qui en proviennent.*

MODÈLE N° 7.

Le janvier 182 , moi , garde forestier du triage de (*suivez le modèle n° 2*), certifie qu'étant sur la vente n° , forêt de , adjugée à R..., étant maintenant en usance, j'ai reconnu trois pièces de bois équarris (ou en grume), essence de , qui ne sont point frappées du marteau dudit R... et qui sont déposées sur telle partie de ladite vente. Ayant suivi les traces des charrettes qui aboutissent à ces pièces, j'ai reconnu qu'elles sortent de la forêt et conduisent au chemin de , ce qui prouve que ces pièces sont venues du dehors de la coupe et même de la forêt. Ce qui le prouve encore, c'est que rentré dans la coupe et après l'avoir parcourue, il ne s'y est trouvé aucun bois équarri, ni copeaux ou autres traces d'équarrissage. Et vu la contravention dudit R..., je lui ai, parlant à son garde-vente (ou à l'un de ses ouvriers), déclaré procès-verbal des faits et circonstances ci-dessus, que je lui ai d'abord fait reconnaître, à quoi il a répondu que   (*ici sa réponse*). Mais, sans m'arrêter à ces excuses, je l'ai invité à se rendre dans mon domicile pour assister à la rédaction du procès-verbal, etc. (*Le reste comme dans le modèle n° 2.*)

ADJUDICATAIRE *qui met sa vente en usance avant le permis d'exploiter.* (*Art.* 30 *du Cod.*, *et* 92 *de l'Ordonn. réglémentaire.*

PROCÈS-VERBAL, MODÈLE N° 8.

Le   décembre 182 , moi   , garde forestier du triage de   , etc. (*suivez la formule n° 2*), déclare et atteste que m'étant transporté ce jour,   heure du   , sur la coupe n° , forêt de   , adjugée au sieur P..., mais non encore en usance, j'ai trouvé dans tel endroit de ladite coupe ledit sieur P... ayant avec lui quatre ouvriers qui coupaient des bois taillis en essence de   , de l'âge de   . Ayant demandé audit P... de me représenter le permis d'exploiter qu'il doit avoir obtenu de l'agent forestier chef de service avant de commencer l'usance de sa coupe, il m'a répondu que   . Et attendu que cette réponse ne peut excuser la contravention dudit P... et qu'il est bien certain qu'il n'a pas encore obtenu le permis d'exploiter, je lui ai déclaré procès-verbal de sa contravention ; et comme les bois coupés sont réputés être des délits aux termes de la loi, j'ai, en présence dudit P..., reconnu que   (*ici exprimer l'essence des bois coupés, la quantité et la valeur des charges, la saisie, le séquestre, comme dans le modèle n° 5, et s'il se trouvait des baliveaux ou arbres de réserve coupés, il faudrait suivre à leur égard le modèle n° 2*). Fait double, etc. (*Signatures, etc.*)

ADJUDICATAIRE *qui exploite des bois de sa vente après le délai fixé pour l'usance.* (*Art.* 40, *Cod. forest.*)

PROCÈS-VERBAL, MODÈLE N° 9.

L'an 182 et le mars, moi,   , garde forestier

du triage de   , etc. (*Voyez le modèle n° 2*), étant dans
mes exercices ordinaires et me trouvant sur la coupe n°   ,
forêt de   , dont le sieur T... est adjudicataire, mais
dont l'usance doit être finie le   , j'ai cependant rencontré sur ladite coupe   (dans telle partie, sur les limites
ou au centre, etc.), trois ouvriers qui coupaient une petite
partie des bois de cette coupe encore sur pied. M'étant approché d'eux je les ai reconnus pour être les ouvriers de l'adjudicataire T..., et je leur ai observé que l'usance de la coupe
était finie depuis   ; qu'ainsi l'adjudicataire ne pouvait
plus y faire couper aucun bois, à moins qu'il n'eût obtenu
de l'administration forestière une prorogation de délai. En
conséquence j'ai sommé lesdits ouvriers de me représenter
ladite prorogation, mais ils ont déclaré n'en point avoir.
Alors je leur ai défendu de continuer à couper des bois dont
s'agit et d'enlever ceux qui le sont déjà, en leur déclarant la
saisie de ceux par eux coupés, que j'ai reconnus pour être des
taillis de l'essence de   et pouvant composer   (tant
de charges ou de voitures). Enfin j'ai établi comme gardien
séquestre desdits bois P. F., bûcheron, demeurant à   ,
l'un desdits ouvriers. De tout quoi j'ai rédigé le présent procès-verbal dans mon domicile, en présence (ou en absence
desdits ouvriers, etc. (*La suite comme au modèle n° 2, ou
le n° 5.*)

Nota. On pourrait facilement multiplier les formules de
procès-verbaux contre des adjudicataires en contraventions ;
on pourrait donner des modèles particuliers pour les cas d'une
exploitation vicieuse qui écuisse les souches ou les déracine ;
d'une exploitation faite en temps de sève ; du défaut d'enlèvement total des bois dans le temps de l'usance ; du défaut
de coupe d'une partie de la vente dans le même délai ; du
défaut du nettoiement des coupes, etc. Mais ces différentes
formules peuvent se faire facilement d'après l'un des précédents modèles, en suivant celui qui s'y rapporte le mieux. Au
reste nous devons dire qu'il y a lieu de dresser des procès-
verbaux contre les adjudicataires, pour toutes contraventions
qu'ils peuvent faire aux clauses et conditions du cahier des
charges. Ainsi nous donnerons des modèles spéciaux aux articles qui les concernent nommément. *Voyez* Feu, Fosses a
charbon, Garde-vente, Ouïe de la cognée, Scierie, Exploitation.

AFFIRMATION *de tous procès-verbaux des gardes.*

MODÈLE N° 10. *Voyez* cependant le n° 31.

Devant nous   (*nom, prénoms, qualités*) , juge de paix
du canton de   , arrondissement de   , département de
        , a comparu P. R..., garde forestier du triage de   ,
forêt de   , commune de   (ou garde à pied des forêts
royales, etc.) , demeurant à   , lequel, après la lecture
qui lui a été donnée par nous du présent procès-verbal,
a juré par serment, la main levée, que ledit procès-verbal est sincère et véritable dans tout son contenu. De quoi
nous lui avons donné acte et avons signé avec l'affirmant.
Fait à   , le   mai 182 , heures du   . (*Suivent les
signatures.*)

Nota. Cet acte d'affirmation, qui s'écrit au pied du procès-
verbal , est susceptible de plusieurs variations. 1° Si le procès-verbal a été fait avec le concours de plusieurs gardes , tous
doivent l'affirmer, et alors les noms, prénoms, qualités, demeures et signatures de chacun doivent y être inscrits.
2° Si l'affirmation est reçue par le suppléant du juge de
paix , il faut en commencer l'acte en ces termes : « Par-devant nous S. B..., premier suppléant du juge de paix de   ,
arrondissement de   , département de   , attendu l'absence
du juge (ou son empêchement) , a comparu   , etc. (*Le
reste comme ci-dessus.*)
3° Si l'affirmation est reçue par le maire ou par son adjoint, il faut exprimer que c'est à défaut, ou pour cause d'absence du juge de paix et de ses suppléants, ou pour celle du
maire.

AGENT DE LA MARINE *constatant une coupe d'arbre marqué
pour le service maritime. (Art.* 133 et 134, *Cod. forest.*)

MODÈLE DE PROCÈS-VERBAL N° 11.

Le   mai 182 , heure du   , nous   (*noms, prénoms, demeures*), contre-maître au département de la marine
de   , rapportons qu'étant dans le cours de nos exercices
sur une pièce de pré située à   , commune de   , arrondissement de   , département de   , appartenant au

sieur   , demeurant à   , avons remarqué qu'un grand
arbre futaie en essence de chêne, qui était placé dans l'angle
droit de la haie ou du fossé qui sert au couchant de clôture
audit pré , lequel arbre avait été choisi et réservé par nous
pour le service de la marine de   et marqué du marteau
royal, ainsi qu'il appert par procès-verbal de martelage dressé
le   , visé par le maire de   , le du même mois , et
dont copie a été déposée à la mairie dudit lieu ; que ce grand
arbre futaie, disons-nous, a cependant été abattu et jeté par
terre et qu'il est encore gisant auprès de sa souche. Ayant
examiné et comparé cet arbre à sadite souche, nous avons
reconnu que celle-ci est d'une circonférence de   décimètres,
ainsi que l'arbre lui-même mesuré à l'endroit de la coupe.
Au surplus avons remarqué que l'empreinte du marteau royal
existe encore en partie sur ledit arbre à la hauteur de
niveau de terre, quoique cette empreinte ait été mutilée par
plusieurs coups de cognée. Cela fait, nous nous sommes transportés au domicile dudit   , propriétaire du pré et de
l'arbre dont s'agit, ou étant et parlant à sa personne, l'avons
requis de nous dire pourquoi il a coupé ou fait couper ledit
arbre, à quoi il a répondu   (*écrire sa réponse*). Mais,
sans nous arrêter à de tels motifs, nous lui avons déclaré
procès-verbal de sa contravention, et la saisie de l'arbre
coupé, dont nous l'avons établi séquestre et gardien. De tout
quoi nous avons rédigé le présent acte au domicile et en présence dudit   , auquel nous en avons donné lecture, et qui
a signé avec nous (ou refusé de le faire). (*Suivent les signatures, l'enregistrement et l'affirmation.*)

ANTICIPATION *sur une forêt royale commise par un riverain.*

MODÈLE N° 12.

Aujourd'hui   janvier 182 , heure du   , moi   ,
garde forestier, etc., déclare qu'en faisant ma tournée ordinaire dans la forêt de   , étant sur la limite qui joint du
côté du nord au bois taillis du sieur F..., qui est dans cette partie en exploitation ou usance, j'ai reconnu que ledit F..., sans
respecter la délimitation qui sépare ses bois d'avec ladite
forêt de   , a fait couper, dans une étendue de quatre ares
environ dans ladite forêt tous les brins de bois taillis, essence
de   , qui couvraient cette surface ; lesquels bois sont encore gisants sur le terrain, près de leurs coupes, ou sont con-

vertis en fagots (ou bûches) au nombre de   , ce qui peut former environ   stères. Et ayant alors aperçu dans sa vente ledit F... (ou ses ouvriers), je me suis transporté près de lui, et lui ai demandé la cause de l'usurpation dont il s'agit, en l'invitant à venir la reconnaître avec moi, à quoi il a répondu que   (*écrire sa réponse*). Mais sans avoir égard à de telles objections, j'ai, en présence dudit   , estimé la valeur des bois coupés par l'anticipation ci-dessus à la somme de   , en calculant cette valeur par chaque feuille ou année du bois coupé. Au surplus j'ai déclaré saisie desdits bois audit F..., que j'en ai établi gardien et séquestre, et j'ai rapporté de tout ce que dessus le présent procès-verbal, etc. (*La suite comme au n° 2 ou 5.*)

Nota. Si l'usurpation était considérable et qu'il y eût beaucoup d'arbres futaies abattus ou essartés, le garde qui découvrirait cette usurpation devrait en instruire ses chefs et réclamer leur assistance.

Il est deux choses que les gardes ne doivent jamais omettre de constater lorsqu'elles se rencontrent : 1° si le délit est commis la nuit; 2° si l'on a fait usage de la scie pour couper les bois. Ce sont deux circonstances aggravantes qui nécessitent une augmentation de peines.

APPEL *interjeté par un agent forestier.* (*Art.* 183, *Cod. forest.*)

Cet appel, soit d'un jugement interlocutoire, soit d'un jugement définitif, se fait par une simple déclaration au greffe du tribunal qui a rendu le jugement, dans les dix jours de sa prononciation et dans la forme des déclarations d'appel en matières correctionnelles. Ainsi il est inutile d'en donner une formule particulière, mais il convient de donner un modèle de notification de cet appel au prévenu, que l'agent forestier fait faire dans le temps prescrit par la loi, pourvu toutefois qu'il ait obtenu de l'administration, l'approbation de son appel et l'autorisation de le poursuivre. Cette autorisation étant donnée, la poursuite de l'appel se fait par l'agent forestier supérieur dans l'arrondissement duquel se trouve le tribunal ou la cour saisie de l'appel. (*Instruction du* 23 mars 1821.)

MODÈLE N° 13. Signification de l'appel.

L'an 182 et le mars, à la requête de MM. les directeur général et administrateurs composant l'administration forestière demeurant à Paris, hôtel de , rue de , poursuite et diligence de M.... (*l'agent forestier chargé de poursuivre l'appel*), demeurant à , chez lequel élection de domicile est faite pour l'administration, et qui comparaîtra pour elle sur la signification ci-après ; moi (*ici les nom, prénoms, demeure du garde forestier*), ayant serment en justice et revêtu de ma bandoulière, ai au sieur (*les nom et qualité du prévenu*), demeurant à , signifié et donné copie de la déclaration d'appel faite le , par M , au greffe du tribunal de , d'un jugement rendu par ledit tribunal entre l'administration forestière et ledit . Laquelle déclaration d'appel signée N , greffier, est en bonne forme à ce que ledit n'en ignore. En conséquence je lui ai donné assignation à comparaître dans les délais de la loi devant MM. composant la Cour royale de , chambre des appels de police correctionelle (ou bien devant MM. les juges du tribunal de jugeant correctionnellement et en appel), pour entendre dire qu'il a été mal jugé par le jugement dont est appel, attendu que (*ici exprimez les motifs de l'appel*) ; et faisant droit par jugement nouveau, ledit sera condamné, etc. (*Établissez les conclusions primitives de l'administration, et terminez comme au modèle de citation ci-après, n° 24.*

ARBRE. *Voyez* les différentes formules aux mots PROPRIÉTAIRE, ENLÈVEMENT, OUÏE DE LA COGNÉE ; BOIS INDIVIS.

ATTELAGE SAISI. *Voyez à enlèvement une formule particulière.*

B.

BESTIAUX *des usagers trouvés hors des cantons déclarés défensables.* (*Art.* 67, *Cod.*)

MODÈLE DE PROCÈS-VERBAL, N° 14.

Aujourd'hui février 182 , heure du , moi , garde forestier, etc. (*voyez le modèle n° 2*), rapporte qu'en faisant mes tournées ordinaires j'ai trouvé deux vaches de poil noir, d'âge inconnu, marquées de la marque de la commune usagère de , qui étaient à pâturer dans tel canton de bois ou de la forêt de   , commune de   , arrondissement de   , lequel canton n'est pas déclaré défensable. Ayant fait sortir lesdites vaches dudit bois et voulant les conduire en fourrière, j'ai rencontré à l'issue du bois, P..., demeurant à   , qui m'a dit être gardien du troupeau de la commune de   , maintenant au pâturage dans le canton de   reconnu défensable, et m'a demandé la remise desdites deux vaches, qui se sont séparées du troupeau sans qu'il s'en soit aperçu. Attendu la contravention dudit P..., que j'ai bien reconnu être tel qu'il se qualifie, je lui en ai déclaré procès-verbal, en lui remettant cependant lesdites vaches comme séquestre, et en l'invitant à se rendre à mon domicile pour assister à la rédaction du présent, etc. (*Suivez la finale du n° 2, ou celle du n° 5.*)

BESTIAUX *d'un non-usager gardés pâturant à vue dans les forêts de l'état.* (*Art.* 199, *Cod. forest.*)

MODÈLE DE PROCÈS-VERBAL, N° 15.

L'an 182 et le   décembre   , heure du   , moi   , garde forestier, etc., certifie avoir trouvé, étant au triage de   , forêt de   , commune de   , dans un taillis essence de   , deux bœufs, l'un sous poil noir, âgé de 5 ans ou environ, et l'autre sous poil rouge d'âge inconnu, n'ayant ni l'un ni l'autre aucune empreinte d'une marque à feu. Ces animaux broutaient des branches du taillis et avaient déjà fait du dégât à dix cépées sur une étendue d'environ un demi-are; ils étaient gardés par un berger qui m'a dit se nommer R..., demeurant à   , être le fils ou le domestique de   , propriétaire, demeurant au même lieu. Ayant estimé le dommage à   , j'ai déclaré audit R... procès-verbal de sa contravention et je l'ai requis de se rendre à mon domicile pour assister, etc. Fait double, etc. *voyez les formules des n° 1 et 2. Voyez* d'autres formules pour délit de pâturage, aux mots, CHÈVRES, BREBIS ET MOUTONS.

BOIS MORT. *Usager qui se sert de crochets ou instruments de fer.*

PROCÈS-VERBAL N° 16.

Le   janvier 182 ,   heure du   moi   , garde du triage de , etc., etc., certifie qu'étant dans la forêt de   , commune de   , arrondissement de   , dans

la partie du sud qui est proche le hameau de   , j'ai aperçu
un particulier qui, une serpe à la main, coupait du bois mort
sur un arbre en essence de   , et dont il avait déjà fait
deux fagots. M'étant approché de lui, en demandant son
nom, sa demeure, et lui faisant des représentations sur sa
voie de fait, il m'a dit se nommer J. G...., habitant du hameau de   , et ayant, comme usager, droit à prendre du
bois mort dans la forêt ; à quoi je lui ai répondu qu'il était
en contravention, parceque la loi interdit à un usager, tel
qu'il se dit être, de se servir d'aucuns ferrements ou crochets pour prendre le bois mort auquel il a droit. En conséquence, j'ai saisi lesdits fagots en les estimant à   , et
déclaré procès-verbal audit J. G...., etc.

Bois INDIVIS entre l'état et des particuliers. *Coupe d'arbre
par un copropriétaire sans autorisation* (*Article* 114,
Code forestier.)

MODÈLE N° 17.

Aujourd'hui   décembre 182 ,   heures du ,
moi   , garde du triage de, etc., déclare et certifie qu'en
faisant ma tournée ordinaire dans le bois de   , commune
de   , arrondissement de   , étant sur la lisière de ce
bois, qui joint un champ en jachères, au midi, et qui appartient à   , j'ai aperçu en cette partie un arbre futaie, essence de   , sur lequel deux ouvriers armés de haches
(*ou de scies*) frappaient pour l'abattre, et l'ayant même déjà
coupé en majeure partie. M'étant approché d'eux, je leur ai
fait mes représentations sur ce délit, mais l'un d'eux qui s'est
dit être le sieur A..., demeurant à   , et l'un des copropriétaires de ce bois indivis, a déclaré qu'il avait besoin de
cet arbre et qu'il avait droit de le prendre pour ses besoins,
sauf à en indemniser ses copropriétaires pour leur part, ce
qu'il est bien dans l'intention de faire. Attendu qu'il est interdit à tout copropriétaire de bois indivis d'abattre, même
pour ses besoins, aucun arbre, j'ai déclaré audit sieur A....,
procès-verbal, et saisie de l'arbre coupé en partie, dont je
l'ai rendu responsable comme gardien, en lui défendant de
le jeter à terre. Au surplus, j'ai procédé en sa présence à la
vérification, mesurage et ressouchement dudit arbre, et j'ai
reconnu etc. (*comme au modèle n° 52*). Au surplus j'ai invité ledit   à se rendre en mon domicile pour assister à
la rédaction, etc. (*Voyez le modèle n° 2, et estimez le dégât.*)

BRANCHAGES. *Voyez* la formule qui convient à des ébranchements d'arbres, au mot ÉLAGAGE.

BRUYÈRES et HERBAGES *coupées et enlevées dans les forêts,*
(*Article* 144, *Cod. forestier.*)

MODÈLE N° 18.

Le   182   , heures du   , moi   , garde forestier, etc., me trouvant dans la forêt de   , au quartier de   , j'ai aperçu un particulier qui chargeait sur un cheval poil blanc, d'âge inconnu, une certaine quantité de bruyères (ou d'herbages) qu'il avait coupée dans cet endroit avec une serpe. M'étant approché de ce particulier, je l'ai requis de me dire ses nom, prénoms, qualité et demeure, et pourquoi il enlevait des bruyères (ou des herbages) dans la forêt, à quoi il a répondu   (*sa réponse*). Vu sa contravention, je lui en ai déclaré procès-verbal, en lui défendant de continuer l'enlèvement dont il s'agit, et de remettre à terre les bruyères (ou herbes) déjà chargées sur son cheval, ce qu'il a fait. Au surplus je lui ai déclaré saisie de sondit cheval, et des harnais dont il est couvert, consistant dans une bride, un bât, et une paire de crochets; et néanmoins je lui ai laissé ledit cheval comme gardien séquestre, après l'avoir fait sortir de la forêt. De quoi j'ai rédigé le présent acte en mon domicile, en présence dudit   auquel j'en ai donné lecture (ou en son absence, n'ayant voulu me suivre), etc. *Suivent les signatures.*

Nota. Ce modèle peut subir trois changements ou variations. La première lorsque les bruyères ou herbages ne sont que coupées, mais non enlevées, ce qui doit être spécialement exprimé; la seconde, lorsque l'enlèvement a lieu à dos d'homme, ou par charge d'homme: alors on désigne soit les fagots ou fouées enlevées, soit les sacs ou enveloppes des herbages dont la saisie est faite; et la troisième lorsque le vol se fait avec des charrettes et attelages. En ce cas, il faut saisir le tout en le laissant à la garde du prévenu comme séquestre; ou s'il le refuse, en conduisant les attelages en fourrière, comme il est observé dans l'un des précédents modèles. Mais il faut remarquer que le garde doit toujours mettre les attelages en fourrière, lorsque l'amende et l'indemnité peuvent excéder 100 francs. Au surplus, ce modèle peut servir aux enlèvements de feuilles vertes ou mortes, de pierres, de sables, de gazons, d'engrais existants sur le sol des forêts, etc. *Voyez* cependant EXTRACTION.

BOIS DES PARTICULIERS. *Délit constaté d'office par un garde royal forestier.*

MODÈLE N° 19.

Le   mars 182 , moi   , garde royal forestier, etc., me suis transporté d'office sur le bois nommé le   , appartenant à V. , demeurant à   , situé à   ; commune de   , arrondissement de   , dans lequel, j'ai été informé par le bruit public qu'il se commet habituellement des délits. Étant arrivé dans telle partie dudit bois planté en taillis de l'âge de   , j'y ai trouvé deux vaches, l'une poil brun, l'autre poil noir, et les deux étant d'âge inconnu, gardées par un pâtre, qui, sur la demande que je lui en ai faite, m'a dit se nommer P. V. , et être au service de P. , demeurant à   , auquel les animaux ci-dessus appartiennent. Alors j'ai remarqué et fait remarquer audit pâtre que les vaches dont s'agit ont fait tel dégât dans telle étendue du bois   (*ici désignez clairement les faits*); et ayant fait sortir du bois lesdites vaches, j'ai déclaré à leur gardien, ledit P.V. , procès-verbal de la contravention ci-dessus constatée, en l'invitant à me suivre dans mon domicile, pour assister à la rédaction en double minute du présent acte, etc. (*Signatures, enregistrement et affirmation.*)

Nota. Quoique la loi ne charge nullement les gardes d'estimer les dommages, je crois cependant qu'en le faisant ils ne s'écartent pas de leurs devoirs, surtout lorsqu'il s'agit de dégâts faits dans les bois des particuliers. C'est là une des circonstance du délit qui ne peut trop être connue, et qui sert souvent à déterminer le juge lorsqu'il prononce sur les réclamations de la personne lésée.

C.

Chablis. *Délinquant qui coupe ou enlève des bois de chablis.*
(Art. 197, Cod. forest.)

FORMULE DE PROCÈS-VERBAL N° 20.

Le   octobre 182   ,   heures du   , moi,   garde
forestier, etc., certifie qu'étant dans le cours de mes exercices et me trouvant dans la forêt de   , quartier de   ,
j'ai rencontré un particulier qui rassemblait et coupait avec
un serpe (ou scie) plusieurs branches de bois de chablis en
essence de   , abattus ou rompus par les vents, de quoi
il a été dressé procès-verbal par moi, le   , qui a été remis
à mon chef immédiat, en exécution de l'article 101 du Code
forestier.

Sur les représentations faites à ce particulier, que j'ai reconnu être J. D.   , cultivateur, demeurant à   , il s'est
excusé de sa contravention en disant que c'est le besoin de
bois de chauffage qui l'a décidé à faire des tas de ces chablis
pour les emporter. Ne pouvant m'arrêter à de telles excuses,
je lui ai défendu d'enlever les bois dont s'agit, lui ai enjoint
de sortir de la forêt, et ai saisi sa serpe (ou sa scie), dont je
me suis emparé pour en faire la représentation à justice ainsi
que de droit. Au surplus j'ai invité ledit J. D.   à se rendre
à mon domicile, pour assister à la rédaction du présent, etc.

Chauffage. *Usagers faisant le partage du chauffage avant*
l'exploitation entière de la coupe.

PROCÈS-VERBAL N° 21.

Aujourd'hui   octobre 182   ,   heures du   , moi,
garde forestier du triage de   , etc., déclare et rapporte
qu'étant dans la forêt de   , quartier de   , au lieu où
est située la coupe de bois taillis qui a été délivrée cette année
aux usagers de la commune de   , j'ai rencontré les sieurs
   , tous usagers et habitants de ladite commune,
ayant avec eux plusieurs ouvriers et domestiques, lesquels
entassaient des bûches et des fagots, formaient des lots séparés, et paraissaient disposés à faire un partage des bois provenant de la coupe dont s'agit. M'étant approché des ci-dessus

nommés, je leur ai représenté qu'ils étaient en contravention, puisque la coupe n'est pas entièrement exploitée, ainsi qu'ils le voyaient eux-mêmes, une partie de cette coupe au nord de la forêt étant encore sur pied ; et que jusqu'à cette exploitation totale, les usagers ne peuvent faire aucun partage entre eux, à peine de confiscation de la portion de bois abattue, afférante à chaque contrevenant ; mais ils m'ont répondu qu'ils ont la permission d'en agir ainsi, attendu leurs besoins pressants, et que M.   , garde général (*ou* sous-inspecteur *ou* inspecteur, etc.) les a autorisés à faire ce partage provisoire. Attendu que cette prétendue autorisation ne m'est pas représentée, et que d'ailleurs elle serait illégale, d'après l'article 81 du Code forestier, j'ai déclaré auxdits sieurs   , saisie des bois entassés et disposés par lots, que j'ai reconnus consister dans 5oo fagots et dans 2o stères de bûches, le tout en essence de   , lesquels bois j'ai laissés à la garde desdits   , comme séquestres et gardiens, etc. Fait double, etc.

Nota. Voyez à USAGERS d'autres formules qui les concernent.

CHEMINS. *Individus trouvés dans les bois et forêts hors des routes et chemins ordinaires, armés de serpes, haches, scies, etc. (Art.* 146, *Cod. forest.)*

Le   182   , heures du   , moi   , garde du triage de   , etc., étant dans le forêt de   , sur la lisière au couchant, j'ai rencontré, entrant dans ce lieu et ayant déjà dépassé ladite lisière dans une distance de plus de vingt mètres, trois particuliers dont l'un portait une hache, l'un une scie et l'autre une serpe. M'étant approché d'eux, je les ai reconnus, savoir :   (*ici désigner leurs noms, prénoms et demeures*), ou bien, je les ai requis de me dire leurs noms, etc. ; à quoi ils m'ont répondu   . Alors je leur ai déclaré qu'ils sont en contravention en s'introduisant dans la forêt, armés des instruments qu'ils portent, par tout autre lieu que par les routes et chemins destinés à la circulation et au passage des adjudicataires, de leurs ouvriers, des usagers et autres. En conséquence je leur ai déclaré saisie des hache, scie et serpe dont ils sont porteurs, en les sommant de me remettre lesdits instruments, ce qu'ils ont fait (*ou* ont refusé de faire. (*Dans ce dernier cas il faut les établir gardiens des instruments, en déclarant qu'on les saisit.*) De tout quoi j'ai dressé le présent procès-verbal en double minute, étant rendu en mon domicile, en présence desdits   (ou en leur absence, n'ayant voulu me suivre), etc. (*Signature, enregistrement, etc.*)

Nota. Ce modèle peut servir dans l'espèce prévue par l'article 147 du Code forestier, contre des particuliers ou pâtres qui laissent vaguer leurs animaux dans les forêts, hors des routes et chemins ordinaires ; mais alors il faut faire les changements que nécessitent les circonstances et l'expulsion des bestiaux. *Voyez le modèle n° 15, avec la note.*

CHÈVRES, BREBIS ET MOUTONS *introduits par des usagers ou autres, dans les forêts royales ou de la couronne.* (*Art. 78 et 110, Cod. forest.*)

MODÈLE DE PROCÈS-VERBAL N° 23. Avec rébellion.

Aujourd'hui   novembre 182   , heures du   , moi,   , garde du triage de   , etc., certifie qu'étant dans la forêt dont la surveillance m'est confiée, au quartier de   , j'ai trouvé deux chèvres, un bouc, trente brebis ou moutons qui pâturaient librement dans ladite forêt, sous la garde d'un pâtre que j'ai reconnu pour être F. G..., demeurant à   , domestique de T..., demeurant à   (*ou qui m'a dit se nommer*   ). Ayant représenté audit   qu'il était en contravention en faisant paître son troupeau dans la forêt, il m'a répondu que le sieur T..., propriétaire des animaux ci-dessus désignés, était l'un des usagers de la commune de   , et qu'il était en possession, en vertu de ses titres, de faire paître dans cette partie de la forêt, des moutons, brebis et chèvres. A quoi je lui ai répondu que cette faculté était interdite par la loi audit T..., comme aux autres usagers, nonobstant tout titre et possession prétendus. En conséquence je lui ai ordonné de faire sortir son troupeau de la forêt, ce qu'il a refusé de faire ; et ayant voulu moi-même expulser ledit troupeau, ledit F. G... s'y est opposé, en se plaçant devant moi et en menaçant de me frapper avec un long bâton ferré, en forme de houlette, dont il était armé, et qu'il a levé plusieurs fois sur ma tête. Alors je me suis retiré en déclarant audit F. G... procès-verbal de sa rébellion et de sa contravention, et en le sommant de me suivre dans mon domicile, pour assister à la rédaction, etc. (*Comme aux modèles précédents.*)

CITATION *donnée par un garde à un délinquant, en vertu d'un procès-verbal dressé contre lui. (Art. 172, 173, Cod.)*

FORMULE N° 24.

L'an   182 et le   avril, à la requête de Messieurs les administrateurs et de Monsieur le directeur général de l'administration forestière, demeurant à Paris, hôtel de   , rue de   , poursuite et diligence de M.   , inspecteur (ou sous-inspecteur) forestier, de l'inspection de   (ou sous-inspection), chargé des poursuites judiciaires et forestières près le tribunal de   , demeurant à   , chez lequel il est fait élection de domicile, pour l'administration forestière; je soussigné, **V. Z.**   , garde forestier de   , demeurant à   , commune de   , étant assermenté devant le tribunal de   , et revêtu de ma bandoulière, ai au sieur P. J. , propriétaire, demeurant à   , en son domicile, parlant à sa personne, (ou parlant à son épouse ou à son domestique, ainsi qu'il m'a dit être, avec injonction de le faire savoir audit sieur P. J.), signifié et donné copie, en tête des présentes, d'un procès-verbal par moi contre lui dressé le   , de ce mois, visé pour timbre en débet, enregistré le   , et affirmé par-devant M. le juge de paix de   (ou devant M.   , en l'absence de M. le juge de paix). De laquelle affirmation la copie est transcrite à la suite de celle du procès-verbal, le tout étant en bonne forme, à ce que ledit P. J. n'en ignore. En conséquence , je lui ai donné assignation à comparaître dans les délais de la loi par-devant Messieurs les président et juges du tribunal de première instance de   , jugeant correctionnellement, au Palais de justice , jour et heure d'audience, icelle tenant, pour être déclaré convaincu d'avoir, le jour énoncé audit procès-verbal, (*exprimez ici le délit ou la contravention commise avec les circonstances aggravantes s'il y en a*)   pour réparation de quoi être condamné à rendre et restituer   (*on désigne ici les bois et autres objets qui doivent être restitués*) , et à défaut de faire ladite restitution sur les lieux , dans trois jours, il sera condamné à payer pour la valeur desdits objets, la somme de   ; en outre et dans tous les cas, pour être condamné aux dommages-intérêts dus à l'État, résultant du délit ci-dessus dit , pour lesquels l'administration

se restreint à la somme de   , si mieux ledit P. J. n'aime
payer ces dommages-intérêts suivant l'estimation qui en sera
faite par experts convenus ou nommés d'office, ce qu'il sera
tenu d'opter dans les trois jours de la signification du jugement
à intervenir ; il sera condamné en outre, sur l'injonction du
ministère public, aux peines voulues par la loi et aux dépens.
Fait et délaissé copie de la présente citation et du procès-
verbal y énoncé, par moi, garde soussigné, au domicile et
parlant comme ci-dessus. (*Suit la signature et l'enregistrement dans les trois jours.*)

Nota. Si le procès-verbal contient une saisie de bois ou
d'instruments, et s'il n'y a pas eu d'enlèvement qui donne
lieu à une restitution, il faut faire des changements dans la
citation qui précède, et après ces mots : *pour être déclaré
convaincu* d'avoir le   , on ajoute : « En conséquence
» entendre dire et ordonner que la saisie faite par ledit pro-
» cès-verbal des arbres ou bûches y désignés (ou des ins-
» truments) sera déclarée bonne et valable, et que les choses
» saisies seront confisquées au profit de l'État ; et sera ledit
»   condamné aux dommages-intérêts résultants du délit
» dont est cas   , etc. (*Suivez le surplus de la formule.*)

COMMANDEMENT *en vertu d'un jugement obtenu par l'administration forestière.*

MODÈLE N° 25.

L'an 182 et le   mars, à la requête de Messieurs les
directeur général et administrateurs composant l'administration forestière, demeurant à Paris, etc., (*suivez le n° 24
jusqu'à*) ai au sieur V. N.   , cultivateur, demeurant à
en son domicile et parlant à   , signifié et donné copie par
extrait d'un jugement contre lui rendu au profit de l'administration forestière, par le tribunal de   , le   de ce
mois, signé à l'expédition G   , greffier, enregistré au
bureau de   , le   de cedit mois, par L   , qui a
reçu   ; ledit jugement étant en bonne forme, à ce que
ledit V. N., n'en ignore. En conséquence je lui ai fait sommation et commandement de par le roi et justice, de satisfaire aux condamnations contre lui prononcées par ledit
jugement, tant en principal qu'accessoire ; ce faisant, de payer
    . (*exprimez ici les sommes dont il y a condamnation*),
entre les mains et sur la quittance du receveur des domaines

et de l'enregistrement, et cela dans cinq jours pour tout délai. Faute de quoi je lui ai déclaré qu'il y sera contraint par toutes les voies de droit et même par corps, suivant l'art. 211 du Code forestier. Fait et délaissé copie du présent acte, en tête duquel est l'extrait du jugement ci-dessus énoncé, en son domicile et parlant comme il est ci-devant dit par moi, . (*Suit la signature du garde et la mention de l'enregistrement.*)

D.

DÉCLARATION *de défrichement d'un bois appartenant à un particulier.* (*Art.* 219, *Cod.*)

MODÈLE N° 26.

Je soussigné J. M., propriétaire, demeurant à , commune de , arrondissement de , pour satisfaire aux articles 219 du Code forestier et 192 de l'ordonnance réglementaire, déclare que mon intention est de faire arracher et défricher en totalité le bois futaie (*ou* taillis) nommé le , dont je suis propriétaire, et qui est situé à , commune de , arrondissement de , contenant hectares de bois, essence de ; attendu que ledit bois est très vieux et que les plants ou arbres sont en majeure partie péris ou dépérissants, etc. (*ou tout autre motif que le propriétaire est dans le cas de donner*). Lequel défrichement je me propose de faire effectuer dans six mois de ce jour, me réservant tous mes droits en cas d'opposition. Fait en double la présente déclaration, que j'ai remise à M. le sous-préfet de , en l'invitant à y apposer son visa et à m'en remettre l'un des doubles après l'avoir fait enregistrer à son secrétariat, si bon lui semble. A , le mars 182 . (*Signature du déclarant.*)

Vu par nous sous-préfet de l'arrondissement de , à , le 182 . (*Signature.*)

PROCÈS-VERBAL *de reconnaissance de l'état des bois dont le défrichement est demandé.*

MODÈLE N° 27.

Aujourd'hui mars 1827 , heures du , nous , garde général des forêts royales de l'arrondissement de (*ou sous-*

inspecteur *ou* inspecteur), demeurant à , ayant serment en justice, et revêtu des marques distinctives de notre grade; d'après la déclaration faite par le sieur D. E , propriétaire, demeurant à , le de ce mois, à la sous-préfecture de , dont copie nous a été remise par M. le sous-préfet; nous sommes transporté sur le bois taillis nommé le , appartenant audit sieur D. E. , situé commune de , arrondissement de , contenant environ hectares; et après l'avoir parcouru dans toutes ses parties en examinant les différents arbres ou cépées dont il est planté, nous avons reconnu que ces bois sont en fort mauvais état, mal venants ou dépérissants; que le sol est d'ailleurs dégarni de plants ou d'arbres, et présente beaucoup de vides et clairières; qu'ainsi il y a fort peu d'intérêt, par rapport à l'utilité publique, à ce que le ledit bois soit conservé en nature. En conséquence nous avons rédigé le présent rapport pour être transmis sans délai à M. le conservateur de la 1ʳᵉ division, avec la déclaration du sieur D. E. , et avons signé. (*Signature.*)

Si au contraire l'agent forestier estime que le bois ne doit pas être défriché; que les arbres sont en état; que plusieurs sont propres à être mis en reserve, soit pour le service de la marine ou pour croître en futaie; ou si déjà il existe dans ce bois des arbres marqués ou martelés, il exprime les motifs d'intérêt public qui doivent recommander la conservation dudit bois.

OPPOSITION *à un défrichement.*

MODÈLE Nº 28.

L'an 182 , et le décembre, à la requête des MM. les administrateurs et directeur général de l'administration forestière, demeurant à Paris, hôtel de , rue de , poursuite et diligence de M. , conservateur de la conservation forestière, demeurant à , chez lequel élection de domicile est faite pour l'administration, moi , garde forestier , etc. (*comme au modèle nº 24*), ai au sieur D. E. , propriétaire, demeurant à , signifié et déclaré que l'administration forestière, représentée par M. le conservateur de la , s'oppose formellement, par ces présentes, à ce que ledit D. E. fasse arracher et défricher le bois nommé le dont il est propriétaire, situé à , commune de , attendu que (*ici exprimer les motifs de l'opposition*), protestant de tout ce qui peut et doit protester dans le cas où ledit D. E... passerait outre au défrichement de son bois malgré la présente opposition, dont j'ai laissé copie audit sieur D. E..., en son domicile et parlant à sa personne (ou parlant à un domestique, à ce qu'il m'a dit être) par moi. (*Signature du garde, ensuite l'enregistrement.*)

Nota. C'est le préfet qui statue sur une semblable opposition, et sur la pétition que le propriétaire peut lui présenter pour faire valoir sa demande en *défrichement. Voyez* ce mot dans la première partie, page 43.

DÉFRICHEMENT *non autorisé ni demandé, ou fait au mépris d'une opposition.*

MODÈLE N° 29.

Le   novembre 182 , heure du   , nous, maire de la commune de   , étant dans l'exercice de nos fonctions près d'un bois taillis nommé le   , situé à   , commune de   , arrondissement de   , appartenant au sieur D. E   , étant en essence de   , avons remarqué que plusieurs ouvriers travaillaient à l'arrachement ou défrichement de ce bois. Nous étant approché d'eux nous les avons requis de nous exhiber l'autorisation de défricher ledit bois, à quoi ils ont répondu que cela regardait le propriétaire du bois. Alors nous nous sommes transporté au domicile de ce propriétaire, ledit sieur D. E., demeurant à   , et parlant à sa personne nous lui avons demandé l'exhibition de l'autorisation dont il a dû se pourvoir avant de faire un défrichement ; mais il nous a répondu qu'il ne croyait pas en avoir besoin (ou bien telle autre réponse); alors nous avons invité ledit sieur D. E... de venir avec nous sur la partie de bois défriché pour constater les opérations de ses ouvriers, ce qu'il a fait. Etant rendus sur ledit bois, nous avons reconnu que le défrichement est fait sur une étendue de   , et que les souches ou racines des arbres, ou de cépées, sorties de terre, sont au nombre de   charretées environ, le tout en essence de   . Alors nous avons défendu audit sieur D. E. de faire continuer le défrichement, d'enlever les souches arrachées, en le sommant de se rendre avec nous à la mairie de   pour assister à la rédaction du présent procès-verbal, etc.

Nota. Si les souches et racines sont enlevées et que le maire ne puisse en constater la quantité ni l'essence, il doit en faire mention dans son procès-verbal, et même faire des perquisitions chez les délinquants. Nous donnerons ci-après un modèle de perquisition.

Dans plusieurs lieux on exécute par le feu certains défrichements, en entourant les arbres coupés de gazons secs et de bois auxquels on met le feu. Ces circonstances doivent être indiquées par le procès-verbal.

Quoique ce modèle soit fait au nom d'un maire, les gardes forestiers peuvent également en dresser de semblables, lorsqu'il y a lieu. Au surplus MM. les maires, lorsqu'ils constatent des défrichements non autorisés, doivent non seulement adresser leurs procès-verbaux aux procureurs du roi, mais encore une copie de ces actes aux agents forestiers locaux. (*Art.* 196, *Ordonn.*)

E.

ÉLAGAGE. *Riverain élaguant des arbres de lisière qui ombragent sa propriété.*

MODÈLE N° 30.

Le octobre 182 , heures du , moi , garde, etc., faisant mon service ordinaire dans la forêt de , quartier de , et me trouvant sur la limite qui joint au champ du sieur Q..., propriétaire, demeurant à , j'ai vu deux ouvriers qui, chacun avec une hache (ou serpe), élaguaient et coupaient des branches d'un arbre futaie, essence de , planté sur la limite de la forêt, et dont les branches s'étendaient sur le terrain du sieur Q... M'étant approché de ces ouvriers, j'ai aperçu près d'eux le sieur Q..., auquel j'ai fait mes représentations sur l'action répréhensible de ses ouvriers ; mais il m'a répondu que tout propriétaire avait le droit d'ébrancher ou d'élaguer les arbres qui joignent sa propriété ; à quoi j'ai répliqué qu'il est dans l'erreur et que ce prétendu droit est au contraire sévèrement interdit pour les arbres des forêts qui ont plus de 30 ans, tel que celui dont s'agit. En conséquence je lui ai fait défense de faire continuer à élaguer cet arbre et même d'enlever les branches déjà coupées lesquelles j'ai saisies et consistent en (*ici faire leur désignation*). Cependant j'ai établi ledit Q... gardien séquestre desdites branches, pour en faire la représentation ainsi que de droit. Au surplus j'ai reconnu que l'arbre ébranché a mètres de tour, mesuré à distance du tronc ; que la coupe des branches qui ont été abattues ne peut lui faire aucun dommage (ou qu'il peut en résulter tel préjudice pour ledit arbre. (Cela fait, j'ai requis les ouvriers dudit sieur Q... de me remettre leurs haches, ce qu'ils ont fait (ou n'ont voulu faire). De tout quoi j'ai redigé le présent, etc. (*Il faut saisir les haches si on ne les remet pas.*)

Nota. Cette formule peut servir dans deux autres circonstances, lorsqu'il s'agit d'arbres éhouppés ou déshonorés, et lorsqu'il s'agit de bois pelés ou écorcés. Dans ces cas il ne faut que peu de changements, qui se présentent naturellement.

EMPÊCHEMENT *d'un garde.* (*Art.* 165, § 2, *Cod. forest.*)

PROCÈS-VERBAL Nº 31.

Lorsque, par un empêchement quelconque, un garde ne peut écrire lui-même son procès-verbal, cet acte est reçu par forme de déclaration par l'un des officiers dénommés dans le modèle qui suit :

Aujourd'hui   , juin 182   , heure du   devant nous , juge de paix de   , étant en notre prétoire ;

(Ou bien, devant nous.... premier ou second suppléant du juge-de-paix de   attendu son absence.)

(Ou encore, devant nous, maire de la commune de ... ou adjoint au maire de la commune de   , en l'absence de M. le juge-de-paix et de ses suppléants.)

A comparu P. L., garde forestier royal du triage de   , demeurant à   , commune de   , ayant serment en justice; lequel, attendu que   , (*ici écrivez son empêchement*), nous a invité à recevoir le rapport suivant. Alors il nous a déclaré et certifié qu'étant dans ses tournées ordinaires , ce jour heure du   , et revêtu de sa bandoulière, il a vu ou rencontré dans la forêt royale de   (ou dans le bois de),   en tel quartier (ou triage), commune de   arrondissement de   , département de   (*ici écrivez tous les faits et circonstances déclarés par le garde, qui peuvent servir à prouver le délit constaté; il est essentiel de déclarer surtout l'essence des bois pris en délit, leur tour ou grosseur, leur mesure sur les souches à la hauteur de terre prescrite par la loi, le martelage de ces bois, s'ils sont des arbres de réserve, pieds-corniers, parois ou autres; la quantité des fagots ou stères de bûches s'il s'agit de taillis indûment coupés; la saisie des ces différents bois, l'établissement du séquestre ou gardien, la saisie des voitures, attelages, instruments, scies, cognées et haches, dont les délinquants se sont servis ; enfin il est essentiel d'é- noncer les noms, prénoms, qualités et demeures de ces délin- quants. Après quoi on termine ainsi :)*

De tout quoi nous avons rédigé le présent procès-verbal en double minute, sur la réquisition du garde comparant, auquel nous en avons fait lecture, et qui a certifié qu'il contient exactement les déclarations par lui faites présentement. En témoin de quoi il a signé avec nous, les jour, mois et an que dessus. (*Signatures.*)

Vu le présent procès-verbal rédigé par nous à l'instant même, sur l'empêchement du garde dénommé, avons reçu dudit garde le serment, qu'il a prêté la main levée devant nous, que le contenu en ce procès-verbal contient vérité, dont lecture lui a été faite avant son affirmation. Fait à , par nous, juge de paix de ou maire de , etc., ledit jour , heures du , et a ledit garde signé avec nous.

ENLÈVEMENT *ou coupe d'arbre en délit. (Art.* 192 , *Code forestier.)*

PROCÈS-VERBAL N° 32.

Le novembre 182 , heures du , moi, garde royal forestier du triage de , etc., déclare et rapporte qu'étant dans mes exercices ordinaires sur la forêt de , quartier de , commune de arrondissement de j'ai vu deux particuliers armés chacun d'une cognée (ou scie) qui avaient abattu un jeune arbre en essence de chêne, et qui se disposaient à l'en- lever et à le charger sur leurs épaules. Mais au même instant je me suis approché d'eux, en leur reprochant leur délit, et en les sommant de me déclarer leurs noms, prénoms, qualités et demeures ; à quoi ils ont répondu, l'un se nommer P. R., cultivateur, demeurant à , et l'autre s'appeler V. Z., char- pentier, demeurant à ; que s'ils ont coupé cet arbre, c'est qu'attendu son peu de valeur ils ne croyaient pas commettre un délit, me priant de les excuser. Mais sans m'arrêter à de telles excuses, j'ai, en présence desdits , reconnu que l'arbre coupé est en essence de , qu'il est droit, d'une belle venue, que mesuré à telle distance du niveau de la terre, et comparé avec sa souche, à laquelle il répond parfaitement, le contour dudit arbre est de décimètres. Alors j'ai déclaré auxdits P. R. et V. Z. la saisie de cet arbre et de leurs haches ou scies, que je les ai requis de me remettre, ce qu'ils ont fait à l'instant; desquelles haches ou scies je me suis emparé, pour les représenter ainsi que de droit; et quant à l'arbre coupé, après l'avoir frappé de mon marteau je l'ai fait porter au domicile de   , demeurant à   , qui s'en est chargé comme dépositaire séquestre. De tout quoi j'ai rédigé le présent procès-verbal etc. (*La fin comme au n° 2.*)

Nota. Si les délinquants refusent de remettre leurs haches ou autres instruments, on écrit ce qui suit : « et sur le refus « desdits   , de me remettre leurs cognées ou scies, « je leur ai déclaré que je les saisis entre leurs mains, et que « je les constitue gardiens et dépositaires, pour les repré- « senter en justice, s'il y a lieu, sous les peines de droit, etc. »

AUTRE CONSTATATION, D'ENLÈVEMENT D'ARBRE, *avec saisie des voitures et attelage servant au transport.* (192 *Cod.*)

MODÈLE N° 33.

L'an   182 et le   mars, heure du   , moi, garde du triage de, etc., certifie que dans le chemin de   , qui conduit à la forêt de   , commune de   , arrondissement de   , étant en embuscade ou caché derrière une haie, j'ai vu passer une charrette attelée de deux bœufs (ou chevaux) de couleur de   , conduite par deux hommes et allant du côté de la forêt. Ayant suivi cette voiture de loin et avec précautions, je l'ai vue entrer dans le triage de   , dans la partie qui sera en coupe cette année (*ou l'année prochaine, ou dans deux ans, etc.*); sur laquelle partie la charrette s'est arrêtée après en avoir parcouru un petit espace. Alors j'ai vu distinctement les conducteurs de cette charrette se mettre en mesure d'y charger un arbre qui était abattu et jeté à terre, ce que je leur ai laissé faire; mais à peine l'arbre était-il chargé, que j'ai abordé ces conducteurs et les ai reconnus l'un et l'autre pour être les sieurs N.... et T...., demeurant à   . Alors je leur ai reproché leur coupable conduite, en leur déclarant procès-verbal de leur délit; mais ils m'ont répondu que (*écrivez ici leur réponse*). Sans m'arrêter à cette déclaration, j'ai reconnu et fait reconnaître auxdits N. et T. , que l'arbre par eux abattu et chargé sur leur charrette est en essence de   ; qu'il est du tour (ou contour) de   décimètres, mesuré à   du niveau du sol; qu'enfin cet arbre se rapporte parfaitement à sa souche qui est près de la charrette, et qu'à telle hauteur il porte l'empreinte du marteau royal de tel côté, ce qui établit que ledit arbre était un pied-cornier, ou de réserve, etc. Alors je l'ai frappé de mon marteau, ainsi que sa souche; j'ai d'ailleurs reconnu et fait reconnaître auxdits N... et T..., qu'ils ont endommagé avec leur charrette, pour parvenir dans la forêt jusqu'au lieu où ils sont, quinze brins de jeunes arbres en essence de   , dont je crois devoir estimer le dégât à la somme de   . Cela fait, j'ai déclaré auxdits N... et T..., saisie de l'arbre dont s'agit, de la charrette, des chevaux et harnais, en les sommant de conduire le tout, en ma présence, chez le sieur A.   , demeurant à   , ce qu'ils ont fait. Étant rendu chez ledit sieur A.   , et parlant à sa personne, je lui ai fait remise de l'arbre, de la charrette et de l'attelage, dont est cas, pour en être gardien et séquestre, ce qu'il a accepté. De tout quoi j'ai rédigé le présent, etc.

Nota. Si les délinquants refusent de conduire eux-mêmes leur voiture et leurs chevaux en fourrière, et si le garde ne peut les faire conduire par d'autres, ou les y conduire lui-même, il change la rédaction de son procès-verbal ainsi qu'il suit :

«Et sur le refus desdits N.. et T.., de conduire leur charrette
» et attelage dans le lieu que je viens de leur indiquer, je leur
» ai déclaré que ces objets étant ci-dessus saisis et mis sous la
» main de justice, je les en établis gardiens et séquestres,
» pour en faire la représentation à justice quand ils en seront
» requis, etc. »

AUTRE FAIT D'ENLÈVEMENT *d'arbre avec rebellion.*

MODÈLE DE PROCÈS-VERBAL N° 34.

Aujourd'hui   novembre 182   ,   moi , garde du triage de   , etc.

(Après avoir établi les faits et circonstances de la coupe des arbres et de leur enlèvement, comme on le voit dans l'un des précédents modèles, la saisie, la mesure et la marque des bois, les noms, qualités et demeures des délinquants, il faut exprimer les faits qui constituent la rebellion. Par exemple, on dit :

Et ayant enjoint auxdits   (*les délinquants*) de conduire la charrette, les chevaux dont elle est attelée, et les bois dont elle est chargée, en dépôt chez le sieur   , demeurant à   , ils m'ont répondu qu'ils ne m'obéiraient

pas, et que j'eusse à me retirer, sinon qu'ils me frapperaient
avec leurs haches (ou autres instruments); mais sans être
intimidé par cette menace, je les ai sommés de me remettre
leurs dites haches; ce qu'au lieu de faire, ils se sont avancés
sur moi, en levant leurs instruments pour m'en frapper.
Alors je me suis retiré, en leur déclarant à haute et intelli-
gible voix que je saisis et mets en séquestre entre leurs mains
la charrette, les chevaux, les harnais et les bois ci-devant
désignés, dont je les rends gardiens et dépositaires pour en
faire la représentation à la justice. Au surplus, je les ai
requis de se rendre à   , où je vais me retirer pour rédiger
en sûreté mon procès-verbal, afin d'en entendre la lecture,
d'y assister, etc. Fait double, etc.

Nota. Si les menaces et les voies de fait avaient lieu avant
la circonstance où nous les plaçons, c'est-à-dire avant la
sommation de conduire la charrette, il faudra les énoncer
dans le temps qu'elles sont arrivées, en observant qu'elles
ont empêché de faire les constatations des coupes, les mesures et vérifications des arbres, etc. Dans tous les cas, il
ne faut pas manquer d'exprimer si les délinquants sont porteurs de scies, d'armes à feu, ou autres, et si les choses se
passent la nuit, parceque ce sont des circonstances aggravantes.

EXTRACTION NON AUTORISÉE DE SABLES, *tourbes ou engrais
dans les forêts.* (*Art.* 144 *Cod. forest.*)

PROCÈS-VERBAL N° 35.

Aujourd'hui   , avril 182 , heure du   , moi,
garde du triage de   , etc., rapporte et déclare qu'en
faisant mes exercices ordinaires, j'ai rencontré dans la forêt
de   , triage de   , commune de   , deux particuliers armés chacun d'une pioche, qui pratiquaient dans le
sol de ladite forêt, et dans un lieu dégarni d'arbres, une
excavation pour en retirer des pierres, (du sable, etc.). Ayant
abordé ces particuliers, je les ai reconnus, l'un pour être le
sieur A..., demeurant à   , et l'autre le sieur B...,
demeurant à   , lesquels sur les représentations que je
leur ai faites de la contravention qu'ils commettent, m'ont
répondu que   (*ici on exprime leur réponse*). Mais sans
m'arrêter à ces allégations, j'ai déclaré auxdits A... et B...
procès-verbal de l'excavation dont s'agit; et l'ayant vérifiée

en leur présence, j'ai reconnu qu'elle a   mètres d'ouverture et   mètres de profondeur; que déjà il en a été sorti
plusieurs tas de pierres (ou de sables), qui sont déposés près
l'ouverture, et que j'estime contenir   charretées (ou
tomberées) environ. Cela fait, j'ai enjoint auxdits A... et B...
de cesser ladite excavation, de sortir de ladite forêt, et de me
remettre leurs pioches, en leur défendant d'enlever les
pierres (ou sables) dont ils ont fait l'extraction, attendu
que je les saisis et mets sous la main de justice, et que je
les en rends responsables et gardiens (*ici exprimer la remise
ou non remise des pioches*). Enfin j'ai requis lesdits A... et B...
de se rendre dans mon domicile pour assister à la rédaction
en double minute du présent procès-verbal, etc.

Nota. Si, pour exécuter l'excavation ou les extractions, on
avait coupé des plants ou des branches, il faudrait en faire
mention dans le procès-verbal. De même, si déjà les pierres
ou autres corps extraits avaient été enlevés, ou étaient sur
le point de l'être, il conviendrait de désigner les charrettes,
chevaux ou bœufs employés à l'enlèvement, et saisir le tout,
suivant l'un des modèles précédents contenant une saisie
d'attelage.

F.

Feu. *Pâtre, berger ou autre, portant ou allumant du feu
dans les forêts. (Art.* 148, *Cod. forest.*)

PROCÈS-VERBAL N° 36.

Aujourd'hui   décembre 182 , heure du   , moi,
    garde du triage de   , etc., déclare et certifie
que, faisant ma tournée dans la forêt de   , quartier de
    , commune de   , arrondissement de   , j'ai
aperçu dans la partie nord (ou sud) de ce quartier, une
fumée assez épaisse qui s'élevait au-dessus des bois. M'étant
rendu promptement au lieu d'où ladite fumée sort, j'ai trouvé
deux pâtres ou bergers (ou autres) qui avaient allumé du
feu, et coupé plusieurs branches ou brins de bois en essence
de   pour alimenter ledit feu. Ayant reproché à ces
individus leur contravention, ils se sont excusés sur le froid
qu'ils éprouvent. Alors je les ai requis de me dire leurs noms,
prénoms et demeures, etc. (*ou bien :* «lesquels j'ai reconnus

l'un pour être P. Q... et l'autre R. S..., demeurant à   );
de quoi je leur ai déclaré procès-verbal, après leur avoir fait
éteindre et éteint moi-même le feu qu'ils avaient allumé.
Au surplus je les ai sommés de me suivre en mon domicile
pour assister à la rédaction, etc. Fait double, etc.

Nota. Ce modèle peut servir dans le cas prévu par l'article 42 du Code, lorsqu'un adjudicataire ou ses ouvriers al-
lument du feu dans les forêts, ailleurs que dans leurs loges.
On fait en ce cas la modification suivante :

M'étant rendu de suite au lieu d'où s'échappe ladite
fumée, j'y ai trouvé le sieur E..., demeurant à   , accompagné de deux ouvriers, qui avaient mis le feu à un tas de
branches de bois en essence de   (ou de copeaux) provenant de l'exploitation de la coupe dont ledit sieur E... est
adjudicataire. Alors je lui ai observé qu'il ne peut ignorer
que la loi lui interdit absolument d'allumer du feu dans l'é-
tendue de sa vente ailleurs que dans la loge qu'il a fait construire à   , mais il m'a répondu que   . Et sans
m'arrêter à cette allégation je l'ai sommé d'éteindre le feu
qu'il a allumé ou fait allumer, ce qu'il a fait (ou refusé de
faire). De quoi je lui ai déclaré procès-verbal, etc.

Flagrant délit. *Coupe d'arbres faite la nuit ; conduite des
délinquants devant le juge de paix.* (*Art.* 16, *Cod.
d'instr. crim.*)

Modèle n° 37. Procès-verbal fait par plusieurs gardes forestiers
réunis.

L'an 182 et le novembre, dix heures du soir, Nous, P.
G. , garde forestier du triage de   , forêt de   , commune de   , et J. D..., garde du triage de   , même
forêt, demeurant, etc., étant informés que des particuliers
se réunissaient pendant la nuit pour couper et voler des bois
dans ladite forêt, nous sommes transportés, revêtus de nos
bandoulières et armés chacun d'un fusil, au quartier de   ,
dans ladite forêt, lequel quartier est planté en bois taillis,
où nous avons découvert trois particuliers conduisant chacun
un cheval chargé de bois nouvellement coupés. Ayant sommé
ces individus de s'arrêter, et nous étant approchés d'eux,
nous les avons reconnus parfaitement pour être, savoir :
(*ici les noms, prénoms et demeures de chacun*). Nous avons
ensuite reconnu que les bois chargés sur lesdits chevaux,

sont en essence de chêne, et se composent de   fagots ou bûches, dont la valeur peut être de   , lesquels bois ont été coupés dans ce taillis à une très petite distance du lieu où nous sommes, et sur une superficie de   mètres ou environ, ainsi que nous l'avons mesurée à la clarté de la lune en présence desdits   , qui sont convenus des faits ci-dessus. Alors nous leur avons déclaré saisie des bois coupés et des chevaux sur lesquels ils sont chargés, en enjoignant auxdits   de nous remettre les haches dont ils sont porteurs ; ce qu'ils ont fait, et sont sortis avec nous de la forêt, conduisant leurs chevaux ; d'où nous nous sommes rendus avec eux au bourg et commune de   , chez le sieur   , aubergiste

(*ici établissez la mise en fourrière des animaux et la saisie des bois, comme dans l'une des précédentes formules*). De tout quoi nous avons dressé le présent procès-verbal en double minute, chez ledit   (*le séquestre*), en présence desdits   (*les prévenus*), auxquels nous en avons donné lecture, en les requérant de le signer avec nous, ce qu'ils ont fait sur le   , heures du   (ou ont refusé de faire ou déclaré ne le savoir de ce requis). *Suivent les signatures.*

Et ce jour   (le lendemain de celui du procès-verbal),   heures du matin, 1827, Nous, gardes forestiers royaux dénommés au procès-verbal ci-dessus et des autres parts, étant sortis du domicile du sieur   (*celui qui a été établi séquestre*), chez lequel nous avons passé le reste de la dernière nuit avec lesdits   (*les prévenus*), avons, en vertu de l'article 16 du Code d'instruction criminelle, conduit (ou fait conduire sous bonne et sûre garde) ces prévenus devant M. le juge de paix du canton de   , demeurant à   , où étant arrivés, et parlant à sa personne, avons mis à sa disposition lesdits prévenus pour être par lui procédé ainsi qu'il avisera et conformément à la loi. Fait double, etc. (*Signatures des gardes et du juge de paix.*)

Nota. Le juge de paix peut interroger les prévenus amenés devant lui dans le cas de flagrant délit (*art.* 40, *Cod. d'instr.*), décerner le mandat d'amener contre eux (*art.* 45, *ibid.*) et les faire conduire sans délai devant le procureur du roi (49 et 33, *ibid.*). *Voyez* les formules données *sous les numéros* 56 et 57.

FORCE PUBLIQUE. *Réquisition adressée par un garde forestier à un commandant de la force publique en cas de rebellion ou d'attroupement. (Art.* 164, *Cod.)*

MODÈLE N° 38.

DE PAR LE ROI,

Nous, garde général, (ou garde forestier à cheval, ou garde du triage de   ), demeurant à   , étant ostensiblement revêtu de notre uniforme (ou de notre bandoulière), en vertu de la loi, prions et requérons M. le commandant de gendarmerie de la brigade de   , de nous prêter main-forte pour l'exécution des opérations dont nous sommes chargés, (ou que nous projetons de faire) dans la forêt de   , à l'occasion de (*ici exprimer s'il s'agit de rebellion ou d'attroupement armé ou non armé, ou de brigandages dans les forêts*). En conséquence ledit sieur   voudra bien mettre à notre disposition (trois, quatre ou cinq gendarmes), qui devront se rendre armés et équipés à   , ce jour   heures du   précises. Fait double à   , le   février 182 . (*Suivent les signatures.*)

Nota. Si le chef requis refuse l'assistance demandée, *voyez* en ce cas , à MAIN-FORTE , *la formule n°* 59.

FOSSES A CHARBON *établies dans un lieu non autorisé. (Art.* 38 , *Cod.)*

MODÈLE N° 39,

L'an 182 , et le   mars,   heure du   , moi   , garde du triage de   , etc. certifie, que me trouvant en tel quartier de la forêt de   , commune de   , j'ai aperçu deux ouvriers armés de pioches   , assistés par le sieur F. G..., demeurant à   , adjudicataire de la coupe n°   , maintenant en usance; lesquels ouvriers creusaient en cet endroit le sol de la forêt et y avaient déjà pratiqué deux excavations. Ayant fait des représentations audit F. G... sur son procédé, et lui ayant demandé ce qu'il voulait établir dans lesdites excavations, il m'a répondu qu'il voulait y établir des fosses ou fourneaux pour convertir en charbon une partie des bois de sa vente, qui ne peut être employée qu'à cet usage; alors je l'ai requis de me représenter l'autorisation qu'il doit avoir

préalablement obtenue à cet effet, à quoi il a répondu qu'il
ne croyait pas cette autorisation nécessaire, (ou que les excavations commencées ne font aucun dommage, ou qu'elles
sont placées à proximité de sa vente). Mais ne pouvant avoir
égard à une telle réponse, j'ai enjoint audit F. G... de faire
combler les ouvertures dont s'agit, que j'ai d'abord reconnues
en sa présence être de   mètres de largeur et   mètres
de profondeur ; ce qu'il a fait (ou refusé de faire). Au surplus
j'ai reconnu et fait reconnaître audit F. G..., que   (*ici*
*exprimer le dommage causé par les excavations ; l'essence,
la quantité et la valeur des bois arrachés ou coupés, enfin
leur saisie et séquestre entre les mains du délinquant*). De
quoi j'ai rédigé le présent procès-verbal en double minute,
dans mon domicile où j'ai invité ledit F. G... à me suivre, etc.

Nota. On voit que ce modèle est rédigé pour servir contre
un adjudicataire, qui peut faire brûler ou réduire en charbon les bois de sa vente ; mais lorsqu'il s'agit d'un délinquant
qui, sans aucun droit, coupe des bois dans une forêt, pour
en faire du charbon et se l'approprier par un vol, il faut
faire un procès-verbal différent, et suivre la formule qui va
suivre.

MODÈLE N° 40. Autres fosses à charbon.

Le   etc., étant dans nos tournées ordinaires, dans la
forêt de   , etc., avons aperçu de la fumée, au canton de   , dans ladite forêt ; et nous y étant promptement
transporté pour éteindre le feu que nous devions croire s'y
être manifesté, nous avons trouvé le sieur H. P.., demeurant
à   , qui, en cet endroit, avait établi une fosse à charbon, à laquelle il avait mis le feu. Ayant représenté à ce particulier son imprudence, son mépris des lois, son défaut
absolu de droits dans la forêt, nous avons constaté que le
fourneau par lui établi contient   mètres de tour à sa
base, et qu'il peut en conséquence contenir environ
quintaux métriques de charbon. Procédant ensuite à la vérification des bois coupés dans les environs dudit fourneau,
Nous avons remarqué qu'il a été coupé   cépées de
taillis, en essence de   , qui pouvaient former   fagots
ou   stères de bûches, (ou qu'il a été coupé   pieds
d'arbres en essences de   , à   millimètres du niveau du
sol, et dont les souches sont du contour de ·   décimètres,
terme moyen des unes et des autres). Cela fait, nous avons

déclaré audit **H. P...** , saisie du charbon déposé dans le fourneau, dont il demeurera gardien et séquestre pour en faire représentation quand il en sera légalement requis. En conséquence nous lui avons défendu d'en disposer en aucune manière. Et comme il pourrait y avoir du danger à abandonner le fourneau allumé, nous avons recommandé audit H. P..., d'y rester, lui déclarant que par cette circonstance qui l'empêche de se rendre à notre domicile, pour assister à la rédaction du présent procès-verbal, nous y procèderons en son absence comme s'il fût présent; ce qui a été fait en double minute, etc. (*Suit la signature du garde, l'enregistrement et l'affirmation.*)

FOUR A CHAUX ET A PLATRE, *établi sans autorisation.* (*Art.* 151.)

MODÈLE N° 41.

Le   avril 182 ,   heures du   , moi, garde etc. , certifie que j'ai vu et découvert sur les limites de ladite forêt de   , sur le terrain de P..., riverain de la forêt et y joignant; au quartier ou canton de   , commune de   ,   une construction étant faite, partie en terres et gazons et partie en pierres, élevée de mètres au-dessus du sol; laquelle construction j'ai reconnue pour être un four à chaux, dont j'ai mesuré les proportions qui se sont trouvées être, savoir : la circonférence de mètres, l'ouverture ou bouche de   , et l'intérieur de   , pouvant contenir dix mesures de chaux, de   kilogrammes chacune. Ayant vu sur son terrain ledit P...   , je l'ai requis de me représenter l'ordonnance de Sa Majesté, qui autorise cette construction, et qu'il a dû obtenir aux termes de l'art. 177 de l'ordonnance réglémentaire prise en exécution du Code forestier, attendu que ce four est très près de la forêt, au lieu d'être à un kilomètre de distance, comme il le devrait pour être construit sans autorisation. A quoi il m'a répondu que sa demande en établissement de ce four a été prise en considération par les autorités compétentes, et que l'ordonnance d'autorisation ne peut tarder à être rendue (*ou bien toute autre réponse que le prévenu pourra faire.*) Et attendu la contravention dudit   , je lui en ai déclaré procès-verbal, en le sommant de démolir ou faire démolir sans délai ledit four sous les peines de droit. Au surplus je l'ai requis de se rendre en mon domicile, pour

assister, etc. Fait double etc. (*Suivent les signatures, l'enregistrement et l'acte d'affirmation.*)

Nota. Si le garde ne trouve sur le lieu , ni le propriétaire
du four, ni ses ouvriers ou domestiques, auxquels il puisse demander la représentation de l'ordonnance, il doit, après avoir
établi les proportions du four , dire ce qui suit : « Attendu
que je n'ai reçu aucun avis de mes supérieurs sur l'autorisation de ce four , qui est dans les limites prohibées par la loi ;
et attendu qu'étant construit sur le terrain de P..., il est évident que c'est par lui ou par ses ordres , qu'il a été établi,
j'ai contre ledit P...., dressé procès-verbal des faits et circonstances ci-dessus, étant rendu dans mon domicile , et
fait double les jour, mois et an que dessus.

G.

GARDE-VENTE *qui a négligé de constater un délit dans la
vente de son adjudicataire. (Art. 45, Cod.)*

MODÈLE N° 42.

L'an   et le   , moi , garde du triage de   , etc. ,
certifie qu'en faisant mes exercices de surveillance dans la
vente n°.   , au triage de   , forêt de   , commune
de   , adjugée au sieur N. T..., demeurant à   ,
j'ai reconnu dans tel endroit de ladite vente, dont le permis d'exploiter a été délivré le   de ce mois, qu'il a été
coupé et enlevé un arbre en essence de   , dont j'ai
mesuré la souche , qui s'est trouvée être élevée au-dessus du
sol de la hauteur de   et du contour de   décimètres ,
laquelle souche est garnie (ou dégarnie) de son écorce, et
présente à sa surface des entailles de cognées , ou des empreintes de scies, ce qui prouve que l'arbre dont elle est
séparée a été abattu avec cet instrument. Ne pouvant maintenant connaître par qui ce délit a été commis, je me suis
retiré par-devers le garde-vente dudit N. T... pour savoir s'il
a constaté ce délit, ainsi qu'il en a le droit, et que la loi lui
en fait un devoir; et l'ayant trouvé à   , je l'ai invité à
me dire s'il avait rapporté procès-verbal de la coupe et enlèvement de l'arbre dont il s'agit, à quoi il m'a répondu qu'il
n'en avait pas eu connaissance. Et nous étant rendus ensemble
sur le lieu du délit, je lui ai fait reconnaître que ladite

souche contient les proportions ci-devant décrites, et qu'il
paraît par la couleur foncée et noircie de la coupe, que le
délit a été commis depuis plus de quinze jours. Alors j'ai,
en sa présence, frappé ladite souche de mon marteau sur sa
surface, et je lui ai déclaré procès-verbal de sa négligence à
constater le délit, dont il aurait pu découvrir les auteurs par
plus d'activité. En conséquence, je l'ai invité à se rendre à
mon domicile pour assister, etc., etc. Fait double, etc.

Nota. Voyez les différents modèles donnés *verbo* adjudicataires qui sont responsables pour leurs gardes-vente dans
les cas prévus ci-dessus.

GARDE FORESTIER *négligent à constater un délit commis
dans son triage, surveillé et réprimé par un garde général. (Art. 160 Cod. forest.)*

MODÈLE N° 43.

Aujourd'hui   , etc., Nous, garde général du cantonnement de   , demeurant à   , arrond. de   ,
département de   , étant dans l'exercice de nos fonctions
dans la forêt royale de   , (ou communale de   ,)
étant sur le triage de   , avons reconnu que, dans telle
partie, il avait été coupé dix jeunes arbres, essence de   ,
qui ont été enlevés au moyen d'une voiture attelée, et dont
on aperçoit les traces près des souches desdits arbres. Nous
étant de suite transporté dans la loge du garde du triage, le
sieur   , nous l'avons requis de nous représenter le registre
sur lequel il transcrit ses procès-verbaux; mais après avoir
vérifié ce registre, nous n'y avons trouvé aucun acte constatant la coupe et l'enlèvement des dix jeunes arbres dont
s'agit, quoique ce délit ait été commis depuis plusieurs jours.
Alors nous avons arrêté ledit registre en présence du garde,
auquel nous avons fait de justes reproches sur son défaut de
surveillance, et l'avons invité à se rendre avec nous sur le
local ci-devant désigné, pour assister à la vérification et mesurage des souches, ce qu'il a fait. Etant rendus près desdites
souches, nous avons reconnu qu'elles sont au nombre de dix
et en essence de   , comme il a déjà été dit ; que les
arbres ont été coupés à   millimètres au-dessus du sol,
avec des serpes (haches, cognées ou scies), ainsi qu'on le
voit par les entailles et l'état des souches ; et que le contour
de chacune est de   décimètres de tour ou environ. Enfin,

nous avons reconnu, par les traces des charrettes, que les arbres
ont été transportés hors, de la forêt par le côté de   , qui
aboutit au chemin de   . Alors nous avons déclaré procès-
verbal audit garde de son défaut de surveillance à raison des
faits ci-dessus établis, et dont il est responsable suivant la
loi, en le chargeant expressément de faire toutes les recherches et de recueillir tous les indices qui pourront faire
découvrir les auteurs du délit. Et nous étant rendus de
nouveau dans la loge dudit sieur   , garde, nous y avons,
en sa présence, dressé le présent procès-verbal en double
minute, dont nous lui avons donné lecture, et qu'il a signé
avec nous, les jour, mois et an que dessus. (*Suivent les
signatures,* etc.)

GARDES DE LA COURONNE. GARDES DES COMMUNES. GARDES
DES ÉTABLISSEMENTS PUBLICS. GARDES DES PARTICULIERS. Ces
agents ayant les mêmes droits et devoirs que les gardes forestiers, pour constater les délits qui se commettent dans les
bois et forêts confiés à la surveillance de chacun, les diffé-
rens modèles déjà donnés et ceux qui vont suivre, seront légalement employés par eux.

GLANDÉE. *Abatage et enlèvement de glands, dans les forêts,
par l'adjudicataire de la glandée.* (Art. 57, Cod.)

PROCÈS-VERBAL N° 44.

Aujourd'hui,   octobre 182 ,   , heures du , moi,
      , garde royal forestier, etc., rapporte qu'étant en
observation dans la forêt de   , au quartier de   ,
commune de   , j'ai entendu le bruit de plusieurs coups
frappés fortement sur des branches d'arbres ; et m'étant approché du lieu d'où vient le bruit, j'ai vu deux particuliers que
j'ai reconnus pour   (*ici leurs noms, prénoms, qualités et
demeures,*) dont l'un, ledit   , était monté dans un
grand chêne, et au moyen d'une longue perche dont il était
armé, abattait les glands dudit chêne. L'autre particulier,
ledit   , ramassait ces glands et en remplissait un grand
sac. Ayant demandé à ces particuliers pourquoi ils se permet-
taient d'agir ainsi, ils m'ont répondu qu'ils avaient ordre du
sieur R....., adjudicataire de la glandée, d'abattre et
ramasser les glands. Mais attendu qu'il est expressément interdit à tout adjudicataire de glandée, d'abattre, ramasser ou
emporter les glands et autres productions des forêts, j'ai dé-

fendu auxdits   de continuer leur abattage, en leur enjoignant de sortir de la forêt (à quoi ils ont obéi). Et à l'égard
des glands ramassés, j'ai reconnu qu'ils consistent dans
décalitres ou environ, et dont la valeur est de   . Au
surplus j'ai laissé lesdits glands entre les mains desdits
comme sequestres. (ou je les ai fait transporter à
etc.) De tout quoi j'ai rédigé le présent acte en double minute, étant en mon domicile, (ou en absence desdits qui n'ont
voulu me suivre) etc.

Nota. Ce modèle peut servir contre toute personne qui se
permet d'abattre, ramasser ou enlever des glands dans les
forêts. Si c'est un usager, non adjudicataire, ou même un
non usager qui commet une telle contravention, il faut
supprimer dans la formule tout ce qui a rapport à l'adjudicataire, et requérir les contrevenans d'exhiber l'autorisation
qu'ils doivent avoir de ramasser les glands. Si d'un autre
côté la quantité des glands abattus était assez considérable
pour être transportée hors de la forêt et mise en sequestre, le
garde en fait faire le transport, par les moyens qui sont en
son pouvoir, et il en fait une mention spéciale dans son procès-
verbal.

GLANDÉE. *Contravention à l'adjudication de la glandée.*

MODÈLE N° 45.

Aujourd'hui   octobre 182   , heures du   ,
moi etc., étant dans l'exercice de mes fonctions et placé à
l'extrémité du chemin de   , qui aboutit à la forêt
royale de   , quartier de   , commune de   ,
j'ai vu arriver par ledit chemin, le troupeau de porcs que le
sieur N.   , demeurant à   , adjudicataire de la
glandée en cette partie de la forêt, y fait introduire pour le
panage ; ayant compté les porcs de ce troupeau à mesure de
leur entrée dans la forêt, ils se sont trouvés au nombre de
120, ce que j'ai fait remarquer à P. G.   , pâtre ou
gardien du troupeau, demeurant à   , auquel j'ai observé que l'adjudication faite au sieur N.   ne lui
donne le droit de mettre au panage que cent porcs seulement,
à quoi il m'a répondu que   (*sa réponse*). Mais attendu la
contravention dudit N.   , je lui en ai déclaré procès-
verbal, parlant à son pâtre, lequel j'ai invité à se rendre en
mon domicile, pour assister etc. Fait double etc.

Nota. Si c'est dans la forêt même que le garde vérifie le nombre des porcs qui y sont au panage, il faudra exprimer cette circonstance, et ne pas parler de la vérification, que l'on suppose ici être faite dans le chemin. Ce modèle peut servir pour deux autres circonstances, en faisant de légers changements qui se présentent d'eux-mêmes : 1° lorsque les porcs ne sont pas marqués d'un fer chaud, comme le prescrit l'art. 55 du Code ; 2° lorsque les porcs sont trouvés hors des cantons désignés par l'acte d'adjudication, ou hors des chemins indiqués pour s'y rendre, en contravention à l'art. 56.

H.

HERBAGES. *Voyez* Bruyères où l'on trouve un modèle de procès-verbal pour constater la coupe ou l'enlèvement des herbages en délit dans les forêts.

I.

Inconnu. *Procès-verbal dressé contre un individu inconnu au garde forestier.*

MODÈLE N° 46.

L'an 182   et le   mars,   heures d   , moi, garde, etc. faisant mes exercices dans le triage confié à ma surveillance dans ladite forêt, j'ai vu que dans telle direction (ou quartier, ou lisière) il venait d'être coupé un arbre près duquel il ne s'est trouvé personne ; mais en portant mes regards aux environs, j'ai vu un particulier qui m'est inconnu, lequel s'éloignait vivement ayant une hache à la main ; et m'étant mis à sa poursuite, après l'avoir atteint je lui ai demandé ses nom, prénoms et demeure, qu'il a refusé de me dire ; mais je l'ai sommé également de me déclarer si ce n'était pas lui qui venait de couper un arbre à peu de distance de l'endroit où nous sommes, et de venir de suite avec moi pour assister à l'examen, mesurage et ressouchement de l'arbre, ce qu'il n'a voulu faire et s'est enfui, sans qu'il m'ait été possible de le joindre. Étant alors retourné au lieu où est gisant ledit arbre, j'ai reconnu qu'il est en essence de   , du contour ou grosseur de   décimètres, mesuré comparativement à sa souche ; que l'arbre est un baliveau (ancien, moderne, ou de l'âge), qu'il porte à telle hauteur l'empreinte du marteau royal (ou d'un griffage), que les entailles de la coupe et du tronc prouvent que cet arbre a été coupé avec une hache (ou scie), depuis peu d'instants, Alors j'ai frappé de mon marteau ledit arbre et sa souche. Cela fait, j'ai dirigé mes pas vers l'endroit où l'inconnu s'est retiré, ce qui, après quelques instants de marche, m'a conduit au hameau de   , commune de   , où j'ai pris différents renseignements sur les faits et circonstances ci-dessus exprimés. Il résulte de ces renseignements que   (*exprimez ici les rapports et les indices recueillis; si l'inconnu avait été vu portant sa hache et passant dans le village, il sera essentiel de le dire, ainsi que ses nom, prénoms, qualités et demeure s'il avait été reconnu.*). De tout quoi j'ai rédigé le présent procès-verbal en double minute, étant en mon domicile, les jour, mois et an que dessus. (*Signature, enregistrement, affirmation.*)

INDICES SIMPLES *sans désignation de prévenus, connus ou inconnus.*

MODÈLE N° 50.

Aujourd'hui,   182 ,   , heure du   , moi,   garde forestier, etc., étant dans mes tournées ordinaires dans le triage qui m'est confié, j'ai remarqué sur les limites de la forêt en cette partie du côté du nord, des traces de roues d'une charrette que j'ai suivies dans la forêt à une petite distance et qui m'ont conduit dans un endroit où l'on a coupé et enlevé depuis peu de jours deux arbres en essence de   , ainsi qu'il paraît par les deux souches, lesquelles sont du contour de   décimètres chacune environ, mesurées au niveau de la terre. J'ai frappé de mon marteau ces deux souches et j'ai remarqué par les entailles qui y sont empreintes que les arbres ont été coupés avec une hache ou cognée; qu'il existe autour de ces coupes certain espace de terrain battu et foulé par des pieds d'hommes portant des sabots dont les empreintes sont de la longueur de   centimètres, et qu'enfin sur ce même espace les traces des roues de la charrette se retournent sur elles-mêmes, ce qui prouve que les arbres y ont été chargés en cet endroit, et que la charrette est sortie par le même côté où elle était entrée. Alors j'ai suivi ces traces après la sortie de la forêt jusqu'à   (où je les ai perdues de vue), ou bien, j'ai remarqué qu'elles s'arrêtaient vis à vis la maison de   (ou atelier), à la porte duquel ayant frappé, s'est présenté le sieur   ᵗ , auquel j'ai demandé des renseignements sur les faits et les circonstances exprimés ci-dessus, et qui m'a répondu que   (*sa réponse*). De tout quoi j'ai rédigé en mon domicile et en double minute, etc. (*Signature, enregistrement, acte d'affirmation.*)

Nota. Si les traces des charrettes et du terrain devant la porte d'un magasin, ou d'une maison, donnaient de fortes présomptions en les comparant aux renseignements obtenus, que les arbres enlevés seraient déposés dans ce lieu, le garde devrait y faire les perquisitions convenables, mais avant tout il devrait se retirer devant un officier public et y procéder suivant qu'il est dit en la formule n° 48 ci-après.

J.

JUGE DE PAIX. *Actes de procédures forestières qui lui sont attribués.*

MAINLEVÉE PROVISOIRE D'UNE SAISIE DE BESTIAUX, MODÈLE N° 5:.

A M. le juge-de-paix du canton de

MONSIEUR,

Pierre G..., propriétaire, demeurant à   , a l'honneur de vous exposer que le garde du triage de   , par procès-verbal du   , dont copie a été ou dû être déposée au greffe de votre justice, a saisi deux bœufs qu'il a mis en séquestre chez le sieur   , demeurant à   , appartenant à l'exposant, attendu que, par défaut de surveillance du gardien, ces bœufs s'étaient échappés dans la forêt de   , où ils n'ont été que quelques instants et par conséquent n'ont pu y faire de dommage.

L'exposant requiert qu'il vous plaise, monsieur, lui accorder la mainlevée provisoire desdits deux bœufs, aux offres qu'il fait de payer les frais de fourrière, et de donner bonne et valable caution pour répondre des condamnations qui pourraient intervenir contre lui à raison de la saisie dont s'agit.

En conséquence il vous plaira lui donner acte de ce qu'il présente pour sa caution aux fins ci-dessus, le sieur R... demeurant à   lequel déclare par ces présentes faire toutes les soumissions requises et nécessaires, et a signé avec l'exposant. Fait à　　, le　　182 . (*Signatures.*)

Vu la présente requête, le procès-verbal déposé à notre greffe le　　, par le garde du triage de　　, par lui dressé le　　, avons fait mainlevée provisoire de la saisie des bœufs dont s'agit ; enjoint au séquestre d'en faire la remise sur l'exhibition de la présente ordonnance, à la charge par l'exposant de lui payer ses frais de séquestre. Au surplus, avons reçu et admis le sieur R... comme caution de l'exposant, suivant la soumission qu'il en a faite en la présente requête. Fait en notre prétoire (ou en notre hôtel), à　　, le 182 . (*Signature du juge.*)

MODÈLE N° 52.

Taxe des frais de séquestre.

Nous, juge de paix de　　, sur la réquisition verbale de B..., demeurant à　　, établi gardien séquestre de deux bœufs saisis par le garde de　　, et dont mainlevée provisoire a été accordée par notre ordonnance de ce jour au sieur J..., propriétaire de ces bœufs　　, avons taxé audit B..., pour ses frais de séquestre (ou de fourrière), la somme de　　, qui lui sera payée par ledit J... à l'instant même de la remise desdits bœufs. Fait à, etc.

Nota. Cette ordonnance n'est nécessaire qu'autant que le réclamant et le séquestre ne s'accordent pas sur la valeur des frais de séquestre ; autrement il est inutile qu'ils soient taxés par le juge.

MODÈLE N° 53.

Refus d'une caution présentée par celui qui réclame les bestiaux saisis en délit.

Ce refus s'établit au pied d'une requête conforme au modèle n° 51 , en ces termes :

Vu la présente requête et le procès-verbal dressé le　　de ce mois par le garde de　　, dont copie a été déposée à notre greffe ; après avoir entendu les observations dudit garde (ou celles du sieur　　, agent forestier), sur la solvabilité de la caution présentée ;

Disons que la soumission faite par le sieur P..., demeurant

à   , comme caution de l'exposant, ne sera reçue, attendu que la solvabilité dudit P... nous est absolument in-
connue, ou qu'elle n'est justifiée par aucun titre (ou autres
motifs). En conséquence il est sursis à faire droit sur la mainlevée provisoire demandée, jusqu'à ce qu'il soit fourni une
caution valable et agréée par nous, ce qui devra être fait dans
le délai fixé par la loi, sinon il sera passé outre, s'il y a lieu,
à la vente des bestiaux saisis. Fait en notre hôtel (ou au prétoire de la justice de paix), etc. 182 .

MODÈLE N° 54.

*Ordonnance qui permet la vente des bestiaux saisis et non récla-
més, ou pour lesquels il n'a pas été fourni de caution valable.*
(*Art.* 169 *Cod.*)

Cette ordonnance se met, soit au pied du double du procès-verbal déposé au greffe, soit sur une requête présentée
au juge de paix, en ces termes :
Vu le procès-verbal du   , dressé par le garde de   ,
ensemble la présente requête ; attendu que les bestiaux saisis
par ledit procès-verbal n'ont pas été réclamés et qu'aucune
demande de mainlevée provisoire ne nous en a été adressée;
attendu que les cinq jours fixés par la loi sont expirés ; nous,
juge de paix, ordonnons que les bestiaux désignés audit procès-verbal seront vendus publiquement et adjugés au plus
offrant et dernier enchérisseur, au marché de   , (*le
plus voisin des lieux*), ou sur la place de   , ce qui sera
fait après les publications prescrites par la loi. Fait à   , etc.
(*Signature du juge.*)

MODÈLE N° 55.

Taxe des frais de vente. (*Art.* 169, § 2, *Cod.*)

Vu le procès-verbal de vente ci-dessus, celui rapporté
par le garde de   , le   de ce mois, et notre ordonnance du   de ce même mois, nous, juge de paix
de   , avons taxé les frais de ladite vente et ceux faits
pour y parvenir à la somme de   , qui sera payée et
prélevée sur le produit de ladite vente; avons aussi taxé
les frais de séquestre des bestiaux vendus à la somme
de   , de laquelle le gardien séquestre sera payé par

l'officier qui a procédé à ladite vente. Donné en notre hôtel, etc.

MODÈLE N° 56.

Interrogatoire d'un prévenu pris en flagrant délit et conduit devant le juge de paix ou devant l'un de ses suppléants, ou devant le maire, en l'absence des premiers officiers.

On peut écrire cet interrogatoire au pied du procès-verbal du garde, en ces termes :

Vu le procès-verbal ci-dessus, nous, juge de paix de   , étant en notre hôtel (ou prétoire), avons procédé à l'interrogatoire du prévenu amené devant nous par le sieur   , garde de   , de la manière suivante :

(*Demander ses nom, prénoms, âge, qualités et domicile,*) A répondu   (*écrire ses réponses.*)

Interrogé si c'est lui qui a coupé dans la forêt de   les arbres désignés et mesurés en sa présence par le garde du triage, a répondu que

Interrogé sur les causes et motifs de la coupe ou enlèvement desdits bois, a dit que

Interrogé s'il a seul commis ce délit, et s'il a des complices, quels sont leurs noms, qualités et demeures, a dit que

(*On doit en général faire toutes les questions qui résultent des faits et circonstances expliqués au procès-verbal, et on termine ainsi :*)

De tout quoi nous avons fait lecture audit   , qui a déclaré que ses réponses contiennent vérité, y a persisté et signé (ou a déclaré ne le savoir, ou a refusé de le faire).

Et vu les articles 45, 49 et 53 du Code d'instruction criminelle, nous disons que ledit   , prévenu, sera conduit en état de mandat d'amener devant M. le procureur du roi de   , pour être fait telles poursuites que de droit. Fait en notre prétoire, le   182   . (*Signature du juge.*)

Nota. Il est plusieurs juges de paix qui ne rédigent point d'interrogatoire du prévenu, et qui se contentent de l'envoyer devant le procureur du roi. Nous croyons qu'il est utile de faire cet interrogatoire pour obtenir plus facilement la vérité, dans le premier moment de l'arrestation du prévenu. D'ailleurs, le § 4 de l'article 40 du Code d'instruction, que le juge de paix doit exécuter en vertu de l'article 49, dit positivement que le prévenu amené *sera* interrogé.

Lorsque le prévenu est remis au garde qui l'a saisi, pour le conduire devant le procureur du roi, il n'est pas nécessaire de délivrer un mandat d'amener pour y autoriser le garde. Son procès-verbal, sa qualité et l'interrogatoire du juge l'y autorisent entièrement ; mais si le prévenu est remis à un autre agent ou chef de la force publique, il est indispensable de délivrer le mandat d'amener qui suit :

MODÈLE N° 57.

Mandat d'amener. (*Art.* 45, *Cod. d'instr. crim.*)

DE PAR LE ROI,

Nous   (*prénoms et nom*), juge de paix de   , officier de police judiciaire, en vertu de l'article 45 du Code d'instruction criminelle, mandons à tous agents de la force publique d'amener et conduire devant M. le procureur du roi de   , en se conformant à la loi, le sieur P. G..., demeurant à   , ayant les cheveux et sourcils   , le teint   , les yeux   , le nez   , la bouche   , le menton   (*portant telle marque particulière, s'il y en a*) ; ledit P. G... prévenu de vol de bois et pris en flagrant délit.

Requérons tous dépositaires de la force publique de prêter main-forte en cas de besoin pour l'exécution du présent mandat. Fait à   , en notre hôtel, le   182 . (*Signature du juge et son sceau.*)

Voyez à EMPÊCHEMENT D'UN GARDE, un modèle de procès-verbal qui est fait par le juge de paix sur la déclaration du garde empêché.

L.

LOGE. *Voyez* MAISON SUR PERCHES, MAGASIN A BOIS.

M.

MAGASIN A BOIS *établi sans autorisation dans le rayon de 5oo mètres des forêts.*

MODÈLE N° 58.

Aujourd'hui   , etc., moi,   , garde du triage de   , etc., étant dans le cours de mes exercices ordinaires, j'ai remarqué que le sieur A. L..., propriétaire, demeurant à   , commune de   , a établi dans un hangar couvert joignant sa maison (ou dans telle autre pièce ou terrain adjacent), un magasin à bois, dans lequel j'ai remarqué un grand tas de bûches contenant environ   stères; plusieurs tas de fagots contenant   (ou pièces de bois équarries, marquées   ). Ayant demandé audit A. L... s'il faisait le commerce des bois, il m'a répondu affirmativement (ou a dit qu'il a loué à G..., marchand de bois, demeurant à   , le hangar et ses dépendances pour y déposer ses bois). Alors je lui ai observé que ce hangar était dans le rayon prohibé, puisqu'il n'était pas à 100 mètres de ladite forêt de   , tandis que la loi défend tout établissement de magasin de bois dans une distance de 5oo mètres, à moins d'en obtenir une permission spéciale du gouvernement. En conséquence, j'ai requis ledit A. L... de m'exhiber cette permission, ce qu'il a déclaré ne pouvoir faire. Vu la contravention de ce particulier, et attendu qu'en pareil cas la loi prononce la confiscation des bois déposés dans les magasins indûment établis, j'ai saisi lesdits bois entre les mains dudit A. L..., et je l'en ai établi gardien séquestre pour en faire la représentation à justice quand il en sera requis. Au surplus, je l'ai invité à se rendre à mon domicile pour assister à la rédaction du présent, etc.

Nota. Ce modèle peut servir, en faisant de légers changements, à constater l'établissement d'un atelier à façonner le bois qui serait établi dans le rayon de 5oo mètres des forêts, dans une maison actuellement existante, sans autorisation du gouvernement. La saisie des bois qui peuvent se trouver dans un tel atelier doit être faite dans la forme ci-dessus.

MAIN-FORTE. La réquisition de main-forte se fait verbalement ou par écrit; verbalement, quand le chef requis ne l'exige pas autrement ; par écrit, quand elle est exigée ainsi. On peut faire cette réquisition suivant le modèle n° 37, donné à FORCE PUBLIQUE, lorsqu'on fournit sur-le-champ l'assistance demandée ; mais si on refusait de la donner, il faudrait employer la formule qui va suivre. (*Art.* 9, 16 *et* 25, *Cod. d'inst. crim.*)

MODÈLE N° 59.

Nous   , garde du triage de, etc., étant revêtu de notre bandoulière, en vertu de la loi, avons requis le sieur (*exprimez ici les nom, grades ou fonctions, et la demeure du chef de la force publique*), parlant à sa personne, de nous prêter main forte et assistance dans l'exercice de nos fonctions, pour l'exécution des lois et règlements (ou pour telle opération que nous devons faire dans la forêt de   ) ; en conséquence, de mettre à notre disposition, à l'instant même, une escorte de   hommes armés et équipés, à quoi ledit sieur   a répondu qu'il ne peut ou ne veut déférer à notre réquisition ; alors nous l'avons sommé de dire les causes de son refus, de nous les donner par écrit, de les signer, et de signer également la présente réquisition, ce qu'il a fait (ou refusé de faire).

Fait à   , en double minute, dont l'une a été laissée audit sieur   , le   mars 182 ,   heures du   . (*Signatures.*)

Nota. Cette réquisition doit être envoyée au procureur du roi, en y joignant le refus écrit donné par le chef requis. Le garde doit en informer de suite l'agent forestier supérieur du canton, et faire mention du tout dans le procès-verbal, qu'il peut dresser seul, s'il est possible, de l'opération pour laquelle il avait requis la force armée. *Voyez* FORCE PUBLIQUE, REBELLION.

MAISONS SUR PERCHES. Pour constater celles qui seraient établies sans autorisation dans l'enceinte et à moins d'un kilomètre des bois et forêts, on peut se servir du modèle n° 55, en expliquant si les maisons sont seulement en construction ; mais il ne sera point nécessaire d'établir aucune saisie, il n'y a lieu qu'à leur démolition. On pourra encore se servir de ce modèle pour constater les constructions de loges, baraques, hangars, qui seraient faites dans le rayon prohibé.

MAIRE. *Certificat d'affiches et publications. (Art.* 60 *de l'ordonnance réglémentaire.*)

MODÈLE N° 60.

Nous, maire de la commune de   , arrondissement de   , département de   , certifions avoir ce jour fait publier par le sieur   , garde champêtre de cette commune, dans les places, carrefours et lieux ordinaires de cette ville (ou bourg), l'arrêté de M. le préfet de   , portant que (*énoncez la disposition ou opération prescrite par l'arrêté*), relativement au commencement des opérations nécessaires pour faire la délimitation générale de la forêt de   , située en cette commune. Lequel arrêté a ensuite été affiché à la porte de la mairie et autres lieux accoutumés, afin que tous les riverains de la forêt ne puissent en prétendre cause d'ignorance.

Fait à la mairie de   , le   182 . (*Signature du maire.*)

Nota. Ce certificat, qui est envoyé sans délai au préfet, peut servir dans deux autres circonstances : 1° pour constater la publication de l'arrêté que prend le préfet pour faire connaître la résolution royale relativement à l'approbation ou rejet du procès-verbal de délimitation; 2° pour justifier de la publication de l'arrêté qui appelle les riverains au bornage des forêts.

MAIRE *dressant l'état des bestiaux d'une commune usagère.*

MODÈLE N° 61.

Nous, maire de la commune de   , arrondissement de   , département de   , avons, en exécution de l'article 118 du Code forestier, rédigé l'état ci-dessous des bestiaux possédés par les usagers habitants de cette commune, afin d'obtenir leur introduction pour le pâturage (ou panage) dans la forêt de   , pendant le temps de   .

SAVOIR :

NOMS DES USAGERS.	BŒUFS, VACHES OU CHEVAUX SERVANT A LEUR USAGE.	NOMBRE DES PORCS POUR LE PANAGE.	BESTIAUX DONT ILS FONT COMMERCE.
Le sieur Pierre R..., demeurant au chef-lieu de la commune....	2 bœufs. 2 vaches. 1 cheval.	4 porcs.	5 chevaux. 6 vaches. 4 bœufs.
Georges M...., habitant au village de...	2 vaches. 1 cheval.	2 porcs.	néant.

(*On continue ainsi pour tous les habitants usagers de la même commune, et on termine par l'attestation qui suit :*)

Certifié le présent sincère et véritable, pour être remis, suivant la loi, à l'agent forestier local.

Fait à la mairie de , le 182 . (*Signature du maire.*)

Nota. Cet état doit être remis avant le 31 décembre pour le pâturage, et avant le 31 juin pour le panage. On peut diviser cette formule, c'est-à-dire en faire une spéciale pour les porcs.

MAIRE *qui constate les besoins d'un propriétaire d'arbres sujets à déclaration avant leur abatage. (Art.* 131, *Cod.; et* 159, *Ordonn.*)

MODÈLE N° 62.

Aujourd'hui 182 , devant nous, maire de , a comparu le sieur V. Z..., propriétaire, demeurant à , lequel nous a dit qu'il se propose de faire construire à une maison (un magasin, une grange, etc.), pour la couverture et les fermetures de laquelle il a besoin de disposer de plusieurs arbres en essence de chêne qui sont accrus sur un champ nommé le , qui lui appartient, situé à ; mais que ces arbres étant sujets à déclaration et aux choix de la marine, il nous invite à vouloir bien constater ses besoins pour la construction qu'il veut faire exécuter. Et a signé. (*Signature.*)

Déférant à l'invitation ci-dessus, nous sommes transporté, assisté du sieur   , architecte (ou charpentier), demeurant à   , sur le lieu où la construction du sieur V. Z... est commencée ; et en ayant visité les fondements (ou les principaux murs, ou telle autre partie, etc.), qui ont été comparés par l'architecte avec le plan de l'édifice qui nous a été représenté par V. Z..., et après avoir pris l'avis dudit architecte, nous estimons que le requérant a besoin de (*ici exprimer les différentes pièces, solives ou soliveaux, leur grosseur, longueur, la quantité de planches nécessaire, etc.*). Et nous étant transportés sur le champ ci-devant désigné, après que les arbres indiqués par ledit V. Z... ont été examinés et mesurés par l'architecte, nous estimons que trois (ou quatre) de ces arbres suffiront aux besoins ci-devant exprimés pour les constructions dudit V. Z... (*Désigner ensuite spécialement chaque arbre.*)

De quoi nous avons, en présence du requérant, dressé le présent procès-verbal, qu'il a signé avec nous et avec l'architecte, étant retourné à la mairie les jour, mois et an que dessus. (*Signatures.*)

N.

NÉGLIGENCE D'UN GARDE-VENTE. *Voyez* GARDE-VENTE. *Modèle n°* 42.

NETTOIEMENT DES COUPES. *Voyez* ADJUDICATAIRE. *Modèle n°* 6.

O.

OUIE DE LA COGNÉE. *Coupes d'arbres dans l'espace appelé ainsi. (Art. 31, Cod.)*

MODÈLE N° 63.

L'an 182 , et le   décembre   , heure du   , moi , garde, etc. , étant dans mes fonctions ordinaires dans la forêt de   , quartier de   , j'ai entendu plusieurs coups de cognée, ou de hache, retentir dans la direction de   ; m'étant rendu à l'instant même, et avec précaution, à l'endroit d'où partent ces coups, j'ai vu le nommé N... ,

demeurant à   , qui coupait et avait déjà coupé en partie
un arbre en essence de   . Et ayant approché ce particulier, je lui ai reproché son délit, en le sommant de me
remettre sa hache, etc. (*Suivez, pour la marque, le mesurage du contour, le ressouchement de l'arbre, etc., l'un
des précédents modèles, et ajoutez :*)

    Examen fait du dommage causé à l'arbre, en partie coupé,
j'estime en mon âme et conscience que (*il faut dire si l'arbre est
exposé à périr ou non, et dans tous les cas, estimer la valeur
du dommage. Enfin si l'arbre était jeté à terre, il faudrait
en faire la saisie, avec défense au délinquant de l'enlever.*)
De quoi j'ai déclaré procès-verbal, etc.

P.

PANAGE. *Contraventions à l'acte d'adjudication de la glandée.*
Voyez n° 45.

PERQUISITION *de bois enlevés, saisie, en présence d'un officier public.*

MODÈLE N° 64.

    Le   janvier 182   ,   heures de   , moi,
garde du triage de, etc., étant sur, etc., j'ai vu qu'il avait été
coupé avec une scie et enlevé depuis peu de jours (*ici la
quantité des arbres coupés, leur essence, leur qualité de
baliveaux, leur grosseur ou contour, etc*). Cela fait, j'ai
suivi les traces des chevaux et charrette qui paraissent avoir
servi à l'enlèvement desdits arbres, lesquelles traces m'ont
conduit devant la maison de   , habitant de   ,
commune de   , ce qui doit faire présumer que les
bois coupés ont été introduits dans cette maison. Mais ne
pouvant y pénétrer seul, sans l'assistance d'un officier public,
je me suis transporté devant M. le juge de paix de   ,
(ou devant M.   , suppléant, au défaut du juge, ou bien
devant M. le maire de la commune de   ); et parlant
audit sieur juge (ou maire), je l'ai invité à m'assister dans la
perquisition que j'entends faire tout présentement dans le
domicile de   , des arbres coupés et enlevés dans la forêt;
à quoi M. le juge de paix (ou M. le maire) m'a répondu
qu'il était prêt à m'assister de sa personne. En conséquence

je me suis transporté avec ce magistrat au domicile dudit
, ou étant entré et parlant à sa personne, je lui ai
déclaré le sujet de mon transport, en le sommant de me faire
l'ouverture de ses magasins, hangars, granges, cours ou autres
bâtiments. Alors je suis entré avec M. le juge (ou maire)
dans une grange où il s'est trouvé deux arbres (trois, quatre
ou plus), en essence de   , étant du contour de
décimètres près de la coupe, comme sont ceux qui ont été enlevés dans la forêt de   . Ayant requis ledit   de me
déclarer d'où provenaient lesdits bois, il a répondu que   ;
et comme cette allégation n'est pas justifiée, qu'elle ne peut
d'ailleurs détruire la conformité des arbres avec les souches
qui sont en forêt, j'ai continué l'examen desdits arbres; et
les ayant changés de face, j'ai reconnu que sur celle qui était
placée en dessous, lesdits arbres ont été frappés de plusieurs
coups de hache à la hauteur de   , pour enlever l'empreinte du marteau royal, laquelle néanmoins n'est pas entièrement effacée, ce que nous avons fait observer audit   ,
toujours en présence de M. le juge de paix (ou maire), qui
lui-même l'a reconnu. Alors j'ai déclaré saisir lesdits deux
arbres, après les avoir frappés de mon marteau, desquels j'ai
déclaré ledit   gardien et séquestre, lui défendant d'en
disposer autrement que par ordonnance de justice. Et pour
établir leur parfaite identité, quoiqu'elle résulte déjà des
mesures et contours ci-devant établis, j'ai scié chaque bout
desdits deux arbres à   décimètres de leur coupe, et j'ai
sommé ledit   de me suivre dans la forêt de   , pour
assister au rapatronage de ces coupes avec leurs souches, ce
qu'il a refusé de faire. Alors je me suis rendu dans ladite forêt,
où j'ai fait le rapatronage ci-dessus, qui a présenté une parfaite
identité des souches et des coupes, et confirmé les contours
ci-devant établis. Enfin j'ai estimé ces mêmes arbres à la
somme de   ; de tout quoi, étant retourné au domicile
dudit   , j'ai rédigé le présent procès-verbal en double
minute, en présence dudit   , et de M. le juge (ou
maire), auxquels j'en ai donné lecture, et qui ont signé avec
moi ou refusé de le faire, etc. (*Signatures.*)

Nota. Cette formule peut éprouver une variation remar-
quable, c'est lorsque la perquisition est faite par deux gardes
réunis ou par un garde seul assisté de deux témoins; alors
il convient de suivre le modèle ci-après.

MODÈLE N° 65. (*Art.* 157, *Cod.*)

L'an 182 , et le   mars,   heures du   , nous
(*exprimez les noms, prénoms, qualités et demeures des*
deux gardes réunis, leur serment en justice, leur costume
ou signes distinctifs), étant en surveillance dans le quartier
de   , forêt de   , commune de   , avons remarqué
qu'il a été coupé   arbres en essence de   (*suivez le*
précédent modèle jusqu'à ces mots : « Ce qui doit faire pré-
» sumer que les arbres coupés ont été introduits dans ladite
» maison, » et continuez comme il suit :)

Alors nous sommes, en vertu de l'article 157 du Code
forestier, entrés l'un et l'autre dans ladite maison, où étant
et parlant à   , nous l'avons sommé de nous faire l'ouverture de   (*suivez le reste du précédent modèle, en sup-*
primant cependant tout ce qui est relatif à l'assistance du
juge ou du maire.)

Nota. Si la perquisition est faite par un seul garde assisté
de deux témoins, on dit : « Moi, garde forestier de   ,
assisté de P. V..., propriétaire, demeurant à   , et de
G. C..., demeurant à   , etc.

PLANTS *arrachés ou enlevés dans les forêts de l'État.*
(*Art.* 195, *Cod.*)

MODÈLE N° 66.

Aujourd'hui   février 182 ,   heures du   , etc.,
étant dans mes exercices ordinaires au quartier de   ,
dans ladite forêt, j'ai aperçu un particulier qui, armé d'une
pioche, arrachait de jeunes plants en essence de   .
M'étant approché de lui, j'ai vu qu'il avait déjà réuni dans
un tas cinquante brins de plants en essence de   , et
dont chacun est de   centimètres de tour ou environ. Ces
plants étaient venus naturellement dans différents endroits
de la forêt. Alors j'ai reconnu ce particulier pour être le
sieur   , demeurant à   , (ou bien, je l'ai sommé de me
dire ses nom, prénoms, qualités et demeure, ce qu'il a
refusé de faire, ou bien m'a dit se nommer   .) Attendu
le délit ci-dessus, j'ai saisi les plants ci-devant exprimés, et
défendu audit   de les enlever, me réservant de les faire
remettre en terre s'il y a lieu. De quoi j'ai dressé, etc.

AUTRES PLANTS *arrachés dans des semis ou plantations appartenant à des particuliers.*

MODÈLE N° 67.

Le   novembre 182 ,   heures du   , moi   , etc. ;
Certifie que, sur la réquisition du sieur R..., propriétaire, demeurant à   , me suis transporté dans une pépinière (ou bois en état de semis) située à   , commune de   , appartenant audit sieur R..., pour y surveiller les dégâts et enlèvements de plants qui se font dans ledit bois   . J'ai vu à   heures de la nuit, deux hommes, porteurs chacun d'une pioche, qui arrachaient des plants d'arbres dans telle partie dudit bois (ou pépinière). M'étant approché d'eux, je les ai reconnus pour être les sieurs   (ou bien je les ai requis de me dire leurs noms, etc.). J'ai ensuite reconnu que les plants par eux arrachés sont en essence de   et au nombre de   brins, du contour de   centimètres environ, lesquels j'ai saisis, en défendant auxdits   de les enlever, et leur ai déclaré procès-verbal, etc.

Nota. Les gardes forestiers ne peuvent constater les délits dans les bois des particuliers, sans la réquisition de ceux-ci, aux termes d'un arrêt de la Cour suprême, du 27 août 1812.

PORCS. *Voyez* GLANDÉE, BESTIAUX, ÉTAT DE BESTIAUX.

PORT-D'ARMES *et délit de chasse dans les forêts royales.*

MODÈLE N° 68.

L'an 182 , et le   septembre,   heures du   , moi, etc., faisant mon service dans la forêt de   , quartier de   , j'ai rencontré le sieur   , demeurant à   , lequel, ayant un fusil neuf à deux coups sous le bras (ou sur l'épaule), chassait dans la forêt avec un chien courant, et avait déjà abattu du gibier, puisque j'ai vu un lièvre dans sa carnassière. Je lui ai demandé la représentation de son port d'armes, mais il m'a dit n'en point avoir. Alors je lui ai déclaré qu'il était doublement en contravention, puisqu'il n'avait ni port d'armes de chasse, ni droit de chasser dans les forêts. En conséquence, je lui ai déclaré saisie de son fusil, que j'ai estimé à la somme de   , et je l'ai sommé de se rendre en mon domicile, etc.

Nota. Cette formule peut être changée de plusieurs manières :

1° Si le chasseur est inconnu au garde, il doit le requérir de déclarer ses nom, prénoms et demeure, et en faire mention dans son acte.

2° Si le chasseur est masqué, c'est une circonstance aggravante qu'il ne faut jamais manquer d'exprimer, alors on établit la taille et les vêtements du chasseur.

3° Si c'est par le bruit d'une arme à feu que le garde découvre le chasseur, il faut dire cette circonstance, qui établit le fait de la chasse.

PROPRIÉTAIRE *déclarant sa volonté de faire abattre des chênes futaies soumis aux choix de la marine. (Art.* 125, *Cod. forest.)*

MODÈLE N° 69.

Je soussigné   *(nom et prénoms)*, demeurant à   , déclare à M. le sous-préfet de   , département de   , que mon intention est de faire abattre et couper par le pied, après qu'il se sera écoulé six mois à compter de ce jour, savoir : deux arbres futaies en essence de chêne ayant   décimètres de tour, situés dans le bois de   , commune de   , qui contient   hectares environ ; plus trois autres arbres futaies aussi en essence de chêne, etc. (*comme ci-dessus*) ; desquels arbres, qui m'appartiennent en propriété, je disposerai à ma volonté, si, dans ledit délai de six mois, le département de la marine ne les a choisis pour les constructions navales. Et j'ai déposé un double de la présente entre les mains de M. le sous-préfet, que j'ai invité à viser l'autre double. Fait à   . (*La signature du déclarant et le visa du sous-préfet.)*

Nota. Cette formule peut servir à un propriétaire de bois taillis ou autre, dans les îles sur les rives et à une distance de cinq kilomètres des bords du fleuve du Rhin. Ce propriétaire est tenu de déclarer trois mois à l'avance les coupes qu'il veut faire exploiter.

Cette formule peut encore servir pour faire la déclaration de l'abatage des arbres choisis par la marine, en faisant les légers changements qui suivent : « Déclare à M. le sous-préfet, etc. , que j'ai fait abattre le   de ce mois un arbre en essence de chêne, du contour de   décimètres, qui était planté sur tel lieu, commune de   , arrondissement de   , lequel arbre, qui m'appartient, avait été choisi par le département de la marine le   , et dont l'ordre pour l'abattre m'a été donné le   . En conséquence j'invite M. le sous-préfet à faire notifier à qui de droit la présente déclaration, dont je lui ai remis un double, avec réquisition de viser l'autre. Fait à   , le   . (*Signature et visa.*) *Voyez*, à MAIRE, *la formule n° 59, relative à un propriétaire.*

R.

REBELLION *avec attroupement armé, assistance de la force publique.*

MODÈLE N° 70.

Réunion de plusieurs gardes.

L'an 182 , et le   octobre,   heures du   , nous, M. N..., garde à cheval de   , J..., garde du triage de   , et F..., garde du triage de   , etc. , étant réunis à   , commune de   , et instruits que depuis plusieurs jours il se commet dans ladite forêt de   , pendant la nuit, des délits considérables par des attroupements armés auxquels nous ne pourrions résister, avons, en vertu de l'article 25 du Code d'instruction criminelle, requis M.   (*ici les nom, demeure et grade du chef de la gendarmerie auquel la réquisition a été faite*), de nous prêter main forte et assistance; et à cet effet de faire rendre ce jour, à   heures du soir, une escorte de   gendarmes armés et équipés, afin de procéder ainsi qu'il appartiendra pour faire exécuter les lois et réprimer les délinquants.

A quoi ledit sieur (*chef de la gendarmerie*) ayant déféré, nous nous sommes rendus au lieu indiqué où doit se trouver notre escorte, laquelle y étant rendue en effet, nous sommes entrés avec elle dans l'intérieur de la forêt de   , marchant sur   (*ici indiquer l'ordre de la marche, si on s'est divisé en colonnes ou non, etc.*). Etant arrivés à   , (*le lieu, le quartier où sera le rassemblement*) nous y avons rencontré   hommes armés, les uns de fusils , les autres de haches et cognées , ceux-ci coupant différents arbres. Ayant fait cerner à l'instant ces délinquants, nous les avons sommés de mettre bas les armes , à quoi ils ont répondu qu'ils ne voulaient pas le faire, et nous ont menacés de leurs armes. Alors, en leur réitérant notre sommation , nous les avons fait mettre en joue par notre escorte, ce que voyant , ils ont rendu leurs armes, qui consistent en   (*désignez exactement les fusils, haches ou cognées dont on fait la remise*). Et ayant allumé une lanterne pour procéder à la reconnaissance des délits que les attroupés venaient de commettre, nous avons reconnu que ces individus sont   , (*ici leurs noms, prénoms, qualités et demeures s'ils sont connus, sinon, il faut dire :*) nous les avons sommés de dire leurs noms, prénoms, etc. Avons remarqué ensuite qu'il a été coupé dans la forêt   (*désignez le nombre , la qualité ou essence des arbres, leur mesurage et ressouchement, etc., le tout comme dans l'une des précédentes formules*). Cela fait , nous avons conduit et fait conduire lesdits   (*les prévenus*) au hameau de   , près de la forêt, chez le sieur   , où nous avons passé le reste de la nuit avec notre escorte, et y avons rédigé le présent procès-verbal en double minute, en présence, etc. (*Signatures des gardes, du chef de l'escorte et des prévenus, s'ils savent ou veulent signer.*

Et ce jour   (*le lendemain de l'acte précédent*) , heures du matin , nous   (*noms et prénoms des gardes réunis*) , assistés de   (*l'escorte précédente*) , avons fait conduire , attendu le cas de flagrant délit, lesdits   (*les prévenus*) devant M. le juge de paix du canton de   , demeurant à   , afin qu'il soit procédé contre les délinquants ainsi que de droit. Fait double, etc. (*Signatures des gardes et du chef de l'escorte.*)

Nota. S'il arrive d'autres circonstances que celles énoncées dans la formule, il faut les énoncer exactement, notamment s'il est des délinquants inconnus, s'il en est qui s'évadent , s'il y a eu des charrettes chargées des bois coupés en délit , saisie des attelages , mise en séquestre, etc.; si l'escorte a été obligée de se servir de ses armes , etc.

*V*oyez FORCE PUBLIQUE pour connaître le mode de requérir par écrit un chef de la force armée qui exige cette réquisition. *Voyez* aussi MAIN FORTE, ENLÈVEMENT AVEC RÉBELLION, JUGE DE PAIX, formules n° 53 et 54.

REFUS D'ASSISTANCE, *ou* de donner une escorte armée. *Voyez* le modèle n° 56, donné à l'article MAIN FORTE.

S.

SCIERIE. *Billes, tronces, arbres introduits sans marque dans une scierie. (Art. 150, Cod.)*

MODÈLE N° 71.

L'an 182 , et le   heures du   , moi,   -, etc., certifie que, m'étant transporté ce jour à la scierie établie, en vertu d'autorisation, par le sieur   , adjudicataire de la vente n°   , dans la forêt de   , j'ai vu dans ladite scierie, et près la porte d'entrée, trois billes d'arbres en essence de chêne préparées pour être sciées, mais dont aucune d'elles ne porte l'empreinte de mon marteau, ce qui prouve qu'elles n'ont pas été reconnues par moi, aux termes de l'article 158 du Code forestier. Ayant demandé au sieur   , qui s'est trouvé dans ladite scierie, de me représenter la déclaration qui doit avoir été faite à l'agent forestier local avant d'introduire et même de transporter les trois billes dont s'agit à la scierie, il m'a répondu que   *(sa réponse)*. Et attendu la contravention dudit   , je lui en ai déclaré procès-verbal, après avoir constaté que les trois billes sont de la longueur de   mètres, sur   décimètres de largeur chacune. Fait double, etc.

Nota. Le modèle ci-dessus peut servir à constater l'établissement d'une scierie sans autorisation, dans l'enceinte et à moins de deux kilomètres de distance des bois et forêts, en faisant les changements convenables, et en demandant la représentation de l'ordonnance qui autorise la scierie. *Voyez l'art. 155, du Cod. forest.*

Scierie. *Déclaration du transport des bois dans une scierie.*
(*Art. :80, Ordonn.*)

MODÈLE N° 72.

Je soussigné A. G..., demeurant à   , déclare à M.
(*l'agent forestier local*), que je suis dans l'intention de
faire transporter à la scierie établie à   , commune de
    , de laquelle je suis possesseur, trois arbres en grume,
en essence de   , de la longueur de   mètres, sur
     décimètres de largeur, et ayant   décimètres de tour ;
plus deux billes équarries en essence de   , de la longueur
de   , etc. ; plus une tronce essence de, etc. ; lesquels
bois proviennent de   (*indiquer la propriété sur laquelle
ils ont été abattus*), et ils sont maintenant déposés à   ,
commune de   . La présente déclaration faite double, dont
l'un a été remis à M. (*l'agent forestier*), en l'invitant à apposer
son visa sur l'autre. A   , le   novembre 182 . (*Signature du déclarant et visa de l'agent forestier.*)

Nota. Au pied du double remis à l'agent forestier, le garde
du canton, ou un agent forestier, écrit l'attestation de la
marque des bois déclarés, qu'il doit faire dans les cinq jours.
Ces bois ne peuvent être transportés à la scierie avant que
cette formalité soit remplie.

SIGNIFICATIONS. *Voyez* CITATION, COMMANDEMENT.

T.

TROUPEAU PARTICULIER *conduit par les possesseurs eux-
mêmes.* (*Art.* 72, *Cod.*)

MODÈLE N° 73.

Aujourd'hui   mars 182 ,   heures du   , moi,
     garde, etc. déclare, qu'étant en surveillance dans le che-
min qui conduit de   à la forêt de   , j'ai vu un troupeau
composé de trois bœufs, ayant le poil rouge, et de quatre
vaches de poil noir, le tout d'âge inconnu, qui était conduit
par le nommé   , demeurant à   . — M'étant approché
de lui, je lui ai demandé à qui appartenait ce troupeau et dans
quel lieu il le conduisait ; il m'a répondu qu'il lui appartenait et qu'il le conduisait au pâturage dans la forêt de   ,

ainsi qu'il en avait le droit comme usager. Mais attendu qu'il est interdit aux habitants usagers de conduire eux-mêmes, ou de faire conduire à garde séparée, leurs bestiaux dans les forêts assujetties à l'usage, et que tous les bestiaux d'une commune ou section de commune doivent être réunis et conduits par un pâtre agréé par l'autorité municipale, j'ai audit déclaré procès-verbal de sa contravention, en le sommant de faire retourner son troupeau, ce qu'il a fait (*ou* refusé de faire). Fait double, etc.

TROUPEAUX *de différentes communes réunis en contravention.* (*Art.* 71, § 2, *Cod.*)

MODÈLE N° 74.

Aujourd'hui   mars 182 , heures du   , moi,   , garde, etc., rapporte qu'étant dans le chemin qui conduit de   à la forêt de   , et qui est désigné pour introduire les bestiaux des usagers dans ladite forêt, j'ai aperçu un troupeau considérable de porcs et de bestiaux conduits par N., pâtre de la commune de   , y demeurant. Ayant compté les animaux dont le troupeau se compose, j'ai reconnu qu'il y avait 40 porcs, 20 bœufs, 50 vaches; ce qui excède de beaucoup les quantités d'animaux dont le troupeau de ladite commune de   est composé. Alors j'ai demandé audit N., pâtre, les motifs de cette différence, et il m'a répondu qu'au troupeau de la commune de   on avait réuni celui de la commune voisine, celle de   , et que les deux troupeaux lui avaient été confiés. Attendu que les troupeaux des communes usagères doivent être constamment séparés et sans mélange de bestiaux. J'ai audit N. déclaré procès-verbal de sa contravention, en le sommant de se rendre à mon domicile, etc. Fait double, etc.

U.

USAGER *introduisant au pâturage des bestiaux dont il fait commerce.* (*Art.* 70, *Cod.*)

MODÈLE N° 75.

L'an 182 , etc., moi,   , garde du triage de   , etc., rapporte qu'ayant inspecté le troupeau de la commune de   , lors de son entrée dans la forêt de   , par le chemin de   , j'ai remarqué qu'on y avait réuni cinq animaux de plus que le nombre ordinaire dont se compose ledit troupeau. Ayant demandé au nommé S., pâtre chargé de la conduite des bestiaux, les motifs de cette différence, il m'a répondu que P., demeurant à   , l'un des usagers, y avait introduit cinq bœufs qui ne venaient pas ordinairement au pâturage. Alors j'ai vérifié l'état des bestiaux que les usagers de ladite commune de   peuvent mettre au pâturage, et j'y ai vu que P. ne possède pas cinq bœufs pour son usage personnel, mais bien pour en faire le commerce. Ayant examiné lesdits bœufs, j'ai reconnu qu'ils ne sont point marqués pour le pâturage. En conséquence j'ai déclaré procès-verbal de cette contravention tant contre le pâtre que contre ledit P., etc. Fait double, etc.

Nota. Le modèle ci-dessus peut servir, en faisant des changements faciles et qui se présentent d'eux-mêmes, pour constater que les porcs et bestiaux sont envoyés au pâturage ou au panage sans être marqués, ou sans avoir des clochettes au cou, en contravention aux articles 73 et 77 du Code.

UsAGER *qui vend les bois de chauffage qui lui ont été délivrés. (Art. 83, Cod.)*

MODÈLE N° 76.

Aujourd'hui   novembre 182 , heures du   , moi, etc., étant dans le quartier de   , forêt de   , commune de   , j'ai vu charger par un inconnu, sur une charrette attelée de deux chevaux, poil   , âge de   , un tas de bûches en essence de   ., qui était destiné au sieur F., demeurant à   , l'un des usagers de la forêt, par l'évènement du partage et délivrance qui en avait été fait le   de ce mois. Cette charrette étant chargée, l'inconnu l'a conduite dans le chemin de   , au lieu de la conduire au domicile du sieur F..., usager, auquel les bois appartiennent. Alors j'ai abordé le conducteur inconnu et l'ai requis de me dire ses nom, prénoms, qualités et demeure, et pourquoi il conduisait les bois du sieur F. dans un autre lieu que celui de leur destination. A quoi il m'a répondu qu'il se nomme   , etc., et que les bûches qu'il conduit sur sa charrette appartiennent maintenant à G., demeurant à   , lequel les a achetées du sieur F. Et ayant suivi

ladite charrette jusqu'au domicile de G., ce dernier m'a
déclaré qu'il a en effet acheté les bûches du sieur F., pour
le prix de   ; de quoi j'ai rédigé en double minute le présent procès-verbal, etc.

Usager *refusant de donner des secours en cas d'incendie.*
(*Art.* 149, *Cod.*)

MODÈLE N° 77.

L'an 182 , et le   , heures du   , moi, etc., m'étant
transporté dans la forêt de   , quartier de   , où s'est
manifesté un incendie, afin d'en connaître les causes et avant
tout d'empêcher les progrès du feu, j'ai invité et requis plusieurs habitants du hameau de   , commune de   ,
de porter des secours, et de se rendre sur le lieu de l'incendie, munis de haches, de scie et de sceaux, afin d'en faire
l'usage qui leur sera prescrit. Ces particuliers se sont em-
pressés de déférer à mon invitation, mais ayant requis le
sieur P., propriétaire, demeurant au même lieu de   ,
l'un des usagers de ladite forêt, de faire rendre à l'instant, au
lieu de l'incendie, par ses charrettes, ses chevaux et domestiques, deux tonneaux d'eau et des seaux pour éteindre le feu,
il m'a déclaré qu'il n'en ferait rien, parceque   . Et attendu
ce refus, qualifié contravention par la loi, j'ai déclaré audit
P. que j'allais en dresser procès-verbal, le sommant de me
suivre à   , etc. Fait double, etc.

Usagers *demandant au conservateur forestier de faire constater l'état et la possibilité des bois, etc.* (*Art.* 151,
Ordonn.)

MODÈLE N° 77.

A M. le conservateur de la 12ᵉ *division* (ou *conservation*) *forestière.*

Les sieurs (*ici les noms et demeures des usagers*) ont l'honneur de vous exposer qu'ils sont usagers et doivent jouir des
droits d'usage en bois dans la forêt de   (*ou le bois de
*), appartenant à   ; que dans cette qualité ils ont
intérêt à faire constater l'état et la possibilité de ladite forêt
(*ou de la faire déclarer défensable*).

En conséquence ils requièrent qu'il vous plaise commettre un agent forestier pour visiter ladite forêt (*ou* bois), et constater ce que dessus, en présence des parties. Fait à   ,
le   182 . (*Signatures des usagers.*)

Nota. Le conservateur nomme tel agent qu'il lui plaît, et cet agent constate l'état des bois, en énonçant toutes les circonstances qui justifient son rapport, dont il fait le dépôt à la sous-préfecture.

USINE. *Voyez* FOUR A CHAUX OU A PLATRE, au modèle n° 41.

USURPATION. *Voyez* ANTICIPATION *par un riverain d'une forêt royale*, modèle n° 12.

Nous ne pouvons mieux terminer ce formulaire qu'en donnant les notices sommaires des principaux arrêts et instructions qui ont été rendus sur les matières ou sur les éléments dont se composent nos formules. Ces notices ne peuvent être que très utiles à MM. les fonctionnaires publics que la loi charge de rédiger les procès-verbaux des gardes illettrés, ou empêchés de les écrire eux-mêmes ; elle ne seront pas moins utiles aux gardes et agents instruits qui rédigent eux-mêmes les actes de leur ministère, parce qu'il est tant d'éléments, tant de circonstances qui concourent à la formation régulière de ces actes, qu'il n'est pas toujours facile de tout prévoir ou distinguer. D'ailleurs si des difficultés et des doutes s'élèvent dans la rédaction d'un acte, la décision d'une cour souveraine, surtout celle de cassation, est bien propre à les faire cesser. Voici ces notices distribuées par ordre alphabétique comme le formulaire.

ADJUDICATAIRE. 1er. Il peut mettre en demeure l'administration forestière de procéder au récolement de sa vente, dont l'usance est terminée, si dans les trois mois qui suivent l'expiration des délais accordés pour la vidange, il n'a pas été procédé audit récolement. La mise en demeure se fait par acte signifié à l'agent forestier local. Et si dans le mois de la signification de cet acte, le récolement n'est pas fait, l'adjudicataire demeure libéré. (*Arrêts de la cour de cass., des* 29 *avril* 1808 *et* 11 *avril* 1811.)

— 2. Lorsqu'il a été commis des délits par les adjudicataires ou par ceux dont ils sont responsables, pendant le cours de l'usage de la vente, les gardes forestiers les constatent par des procès-verbaux, sans attendre le récolement. (*Art.* 98 *de l'instr. du* 23 *mars* 1821.)

AFFIRMATION. 1er. Elle doit se faire par les gardes ré-dacteurs, au plus tard le lendemain de la clôture des procès-verbaux, à peine de nullité. L'affirmation est l'acte par le-quel un garde déclare *avec serment* que son procès-verbal, *dont lecture vient de lui être faite, contient la vérité.* (*Arrêts de cass. des* 9 *février* et 29 *mars* 1811.) L'affirmation est reçue par le juge de paix du canton ou par l'un de ses suppléants; mais celui-ci ne peut la recevoir que pour les délits commis dans le territoire de la commune où il réside, lorsqu'elle n'est pas celle de la résidence du juge de paix.

— 2. Un membre du conseil municipal ne peut, dans aucun cas, soit par l'absence ou empêchement du maire ou de ses adjoints, soit tout autrement, recevoir l'affirmation d'un pro-cès-verbal, il est sans caractère public. (*Arrêt du* 18 *nov.* 1808, *cass.*)

—3. Le maire ou son adjoint qui reçoit une affirmation doit faire mention de l'absence du juge de paix et de ses sup-pléants, lorsque le délit a été commis dans la commune où ils résident. (*Circulaire du* 27 *floréal an* XI, *et arrêt du* 17 *mars* 1810, *cass.*)

—4. L'adjoint n'est pas obligé, à peine de nullité, d'énoncer dans l'acte d'affirmation qu'il reçoit, que le maire est absent ou empêché. (*Arrêt de cass. du* 1er *septembre* 1809.)

—5. *L'acte* d'affirmation doit en énoncer l'heure. Néanmoins lorsque le procès-verbal est affirmé le lendemain de sa date, sans énonciation d'heure, on doit présumer que l'affirmation est faite dans le délai légal. (*Arrêt du* 9 *février* 1811, *cass.*) Mais *voyez* les nos 7 et 9 ci-dessous.

—6. L'affirmation est signée par le garde, *à peine de nullité;* cependant les renvois de l'acte d'affirmation peuvent être simplement parafés. (*Arrêt du* 3 *juillet* 1824, *cour de cass.*)

—7. Le délai de 24 heures pour l'affirmation des procès-ver-baux se compte de moment à moment, et non de jour à l'autre. Ainsi, si le procès-verbal énonce l'heure de la rédaction, il faut qu'il soit affirmé le lendemain à la même heure, à peine de nullité. (*Arrêt du* 5 *janvier* 1809, *cass.*)

—8. Comme le délai de 24 heures ne court que du jour de la clôture des procès-verbaux, les gardes doivent avoir l'attention d'énoncer cette clôture seulement au moment où leurs rédactions sont terminées, pour avoir le temps d'affirmer dans le délai prescrit, leurs procès-verbaux. (*Arrêts des 8 janvier 1807, 9 juin 1808 et 29 mai 1818, cass.*)

—9. Si un procès-verbal indique l'heure de sa rédaction, on ne peut pas présumer que la formalité de l'affirmation a été remplie dans le délai légal, lorsque cet acte n'indique pas l'heure à laquelle il a été reçu, quoiqu'il soit fait le lendemain du procès-verbal. (*Arrêt du 31 juillet 1818.*)

—10. L'obligation imposée aux gardes d'affirmer leurs procès-verbaux n'est point remplie par la déclaration non assermentée desdits gardes, portant que leurs procès-verbaux sont sincères et véritables, attendu que l'acte d'affirmation doit énoncer que le procès-verbal leur a été lu et qu'il a été affirmé par serment. (*Arrêt du 16 avril 1811, cour de cass.*)

APPEL. 1er. Il est interjeté par les agents forestiers lorsqu'ils le croient convenable. La déclaration doit en être faite au greffe du tribunal qui a rendu le jugement, *dans les dix jours de la prononciation au plus tard.* (*Arrêt de cass. du 18 juillet 1817.*) La signification de cet appel au prévenu se fait dans les délais prescrits.

— 2. Les poursuites de l'appel interjeté par un agent forestier doivent être autorisées par l'administration. Dans le cas où cette autorisation est donnée, l'appel est alors poursuivi par l'agent forestier supérieur dans l'arrondissement duquel se trouve le tribunal ou la cour saisie de l'appel. (*Arrêts de la cour de cassation, des 7 septembre 1810, et 22 janvier 1825.*)

—3. Les agents forestiers ne peuvent appeler d'un jugement par défaut, que du jour où l'opposition n'est plus recevable, ou du jour où le jugement devient définitif pour toutes les parties. (*Arrêt de la cour de cassation, des 17 mars 1808 et 17 juin 1819.*)

—4. Il y a déchéance de l'appel si la déclaration n'en a pas été faite au greffe du tribunal qui a rendu le jugement, dix jours au plus tard après celui de la notification qui en a été faite à la partie condamnée, outre un jour par trois myriamètres.(*Arrêts de la cour de cassation, des* 7 *février* 1806, et 17 *mars* 1808.)

— 5. Cependant les agents forestiers qui n'ont point fait leur déclaration d'appel, peuvent y suppléer en invoquant le ministère du procureur général, attendu que le ministère public peut ne notifier son recours en appel que dans les deux mois à compter du jour de la prononciation du jugement, ou si le jugement lui a été légalement notifié par l'une des parties, dans le mois du jour de cette signification (*Arrêt de la même cour, du* 7 *septembre* 1810 ; *instruction du* 26 *mai* 1806, n°. 318.)

—6. Le droit attribué à l'administration des forêts et à ses agents de se pourvoir contre les jugements par appel, est indépendant de la même faculté qui est accordée par la loi au ministère public, lequel peut toujours en user, même lorsque l'administration ou ses agents auraient acquiescé aux jugements. (*Arrêt du* 9 *mai* 1809.)

BRIQUETERIES. On ne peut établir des briqueteries, tuileries, fours à chaux, et autres usines qui nécessitent l'emploi du feu, soit dans l'intérieur, soit aux rives des forêts, sans y être autorisé par une ordonnance royale. (*Arrêt du conseil, du* 9 *août* 1823 ; *instruction du ministre de l'intérieur pour l'exécution de la loi du* 21 *avril* 1810.)

CAHIER DES CHARGES. Les gardes forestiers royaux, communaux, et des établissements publics, sont chargés de rechercher les contraventions aux dispositions des cahiers des charges, commises par les adjudicataires. (*Arrêts de la cour de cassation, des* 3 *avril* 1806, et 6 *août* 1807.)

CAUTIONS. On n'applique pas aux cautions d'un adjudicataire les dispositions de la loi qui veut que l'action correctionnelle soit éteinte par le décès du délinquant. (*Arrêt du* 5 *avril* 1811.)

CHASSE. 1ᵉʳ. On ne peut chasser, en quelque temps que ce soit, sur la propriété d'autrui sans une permission du propriétaire, à peine d'amende et de dommages - intérêts. *Loi du* 30 *avril* 1790, *art.* 1ᵉʳ ; *arrêts des* 12 *février* et 13 *octobre* 1808.)

—2. Il suffit d'être trouvé dans les bois et forêts, ainsi que sur toute autre propriété, portant une arme, et dans l'attitude d'un chasseur, pour qu'il y ait délit de chasse, encore qu'on n'ait point fait usage de son arme. (*Arrêt du 13 novembre* 1818.)

—3. Celui qui n'est pas muni d'une permission de chasser avec fusil, ne peut demeurer de nuit dans les forêts royales, à peine de 100 fr. d'amende. (*Arrêté du gouvernement, du 28 vendémiaire an V.*)

—4. Tout individu qui n'est pas porteur d'un permis de port d'armes de chasse peut être traduit devant le tribunal correctionnel, et puni, s'il est reconnu coupable, d'une amende de 30 fr. à 61 fr. Le tribunal peut en outre prononcer un emprisonnement de six jours à un mois. (*Arrêts des* 24 et 31 *décembre* 1819; 11 *février* 1820, et 26 *mars* 1825.)

— 5. La chasse est interdite à toute personne dans les bois des communes et des établissements publics. Les maires, cependant, peuvent affermer le droit de chasser dans les bois des communes, en soumettant les conditions du bail aux approbations du préfet et du ministre de l'intérieur. (*Arrêts des* 29 *ventôse* et 21 *prairial an* XI, et 28 *janvier* 1808.)

—6. La chasse est un délit personnel, et chaque chasseur est passible de l'amende prononcée par la loi. Ainsi, on ne peut réunir les amendes et indemnités dont plusieurs délinquants sont passibles, pour faire déclarer nul un procès-verbal qui donnerait lieu à une condamnation au-dessus de 100 fr. (*Arrêt de cassation du* 17 *juillet* 1823.)

—7. Les agents et gardes forestiers sont chargés de la poursuite des délits de chasse dans les bois des communes et des établissements publics, si ces délits ne sont pas poursuivis dans le mois de la reconnaissance des délits par les administrateurs légaux desdits bois. (*Arrêts des* 21 *prairial an* XI, 28 *juillet* 1809, 30 *mai* et 30 *août* 1822.) — Cependant quand la chasse est affermée, il n'y a que le fermier ou la partie publique qui puisse poursuivre ces délits. (*Arrêt du* 28 *juillet* 1809.)

CHÈVRES. Les gardes forestiers, lors même qu'ils n'en sont pas requis par les propriétaires, doivent constater valablement les délits pour cause d'introduction des chèvres et bêtes à laine dans les bois des particuliers, à moins que ces bois ne soient du nombre que le Code permet de défricher. (*Arrêts des* 5 *mars* 1807 et 3 *septembre* 1808.)

CITATION. 1re. La copie du procès-verbal dressé par le

délinquant, doit, à peine de nullité, être donnée en tête de la citation ; il en est de même de l'acte d'affirmation. Cependant le défaut d'indication de date, dans la copie d'une citation, n'emporte pas nullité. (*Arrêt du 9 octobre* 1809.)

— 2. Les citations doivent être faites à personne ou domicile. (*Arrêt du 5 ventôse an* VII.)

— 3. S'il ne se trouve au domicile de la personne citée ni parents ni domestiques, en l'absence de cette personne, le garde doit remettre copie de la citation à un voisin, et lui faire signer l'original ; mais si le voisin ne veut ou ne peut signer, il doit remettre au maire ou à l'adjoint de la commune, qui met son visa sur l'original, qu'il signe, ainsi que la copie, et mention du tout est faite par le garde. (*Arrêt du* 12 *novembre* 1822.)

— 4. Le défaut de signature du garde, au bas des copies de citation et autres actes, est un vice radical qui entraîne la nullité de la citation, et ce vice ne peut être couvert par la signature apposée en marge de l'acte, au-dessous d'un renvoi. (*Décision du ministre des finances, du* 13 *août* 1818.)

Compétence. Le lieu du délit fixe la compétence des tribunaux, aussi bien que le domicile du délinquant. (*Arrêt de la cour de cassation, du* 16 *janvier* 1806.)

Contrainte par corps. Les gardes forestiers, comme agents secondaires de la force publique, peuvent mettre à exécution les mandats qui leur sont donnés par le procureur du roi, pour capture, en exécution d'un jugement ou arrêt en matière forestière. En ce cas, il leur est alloué 15 fr. dans les villes de 40,000 habitants et au-dessus, et 12 fr. dans les autres villes et communes. (*Décret du* 7 *avril* 1813, *art.* 6 ; *arrêt du conseil d'État, du* 16 *mai* 1807.)

Défrichement. 1er Lors même que le délit du défrichement est prescrit, il y a toujours lieu à obliger le propriétaire à repeupler le bois qu'il a défriché sans autorisation, parceque le repeuplement étant une mesure d'intérêt et d'ordre public entièrement indépendante de la peine, est obligatoire dans tous les temps. (*Arrêts de la cour de cassation, des* 29 *germinal an* XIII, 8 *janvier* 1808 *et* 18 *février* 1820.)

— 2. Les délits de défrichements se prescrivent, quant à la peine et à la réparation civile, comme les autres délits forestiers, par un délai de deux ans ; mais le tribunal qui admet la prescription doit ordonner que le délinquant replantera une surface égale à celle qu'il a défrichée. (*Arrêt du 8 juin 1808, cour de cassation.*)

ENREGISTREMENT. 1ᵉʳ Les gardes forestiers doivent faire enregistrer leurs procès-verbaux dans les quatre jours qui suivent celui de l'affirmation, à peine de nullité. A défaut de cette formalité, les gardes sont passibles d'une amende de 25 fr., indépendamment du droit de l'acte non enregistré. (*Loi du 22 frimaire an VII, art. 20 et 34.*)

2. De même, lorsqu'un procès-verbal est déclaré nul par défaut de formalités, les gardes rédacteurs sont condamnés à la même amende de 25 fr.; néanmoins, si plusieurs gardes sont signataires du même acte, l'amende est seulement prononcée solidairement, et non contre chacun. (*Instruction du 22 brumaire an X, n° 47.*)

3. Les gardes forestiers sont non seulement responsables des procès-verbaux déclarés nuls par défaut d'enregistrement dans les délais, des condamnations et dépens qui en peuvent résulter; mais ils sont encore passibles solidairement d'une amende de 25 fr., dont la condamnation se poursuit par les préposés de l'enregistrement. (*Arrêt de la cour de cassation, du 4 ventôse an XII.*)

4. L'enregistrement des procès-verbaux, dans les quatre jours, est de rigueur; ainsi un procès-verbal daté du 1ᵉʳ jour du mois doit être enregistré le 5ᵐᵉ jour. Cependant si le 4ᵐᵉ jour est une fête légalement reconnue, le délai pour l'enregistrement se prolonge jusqu'au lendemain. (*Arrêt de la cour de cassation, du 18 février 1820.*)

EXCEPTION PRÉJUDICIELLE. 1ᵉʳ. La partie qui a élevé cette exception doit en saisir les juges compétents, dans le délai fixé par le jugement qui a renvoyé à fins civiles, et justifier de ses diligences, sinon il est passé outre. Cependant, s'il intervient une condamnation contre elle à l'emprisonnement, il est sursis à son exécution; mais les amendes, restitutions et indemnités qui sont adjugées, sont versées à la caisse des dépôts et consignations pour être remises à qui il est ordonné par le tribunal, qui statue sur le fond du droit. (*Arrêt du 29 mars 1807.*)

— 2. Si l'exception préjudicielle est élevée à raison d'un terrain domanial, la partie qui excipe de la propriété doit appeler le préfet du département de la situation des bois, et lui fournir copie de ses pièces dans la huitaine du jour qu'elle a proposé son exception, faute de quoi il est passé outre au jugement du délit, sous la réserve de la question de propriété. (*Arrêts des 12 juillet 1816, et 24 octobre 1817.*)

— 3. Si le fait imputé au prévenu est par lui-même un délit, qualifié tel par la loi, l'exception préjudicielle n'est pas admissible, et sans y avoir égard, le prévenu doit être condamné, s'il est déclaré convaincu du fait. (*Arrêts des 25 juin, 10 septembre, 15 octobre, et 31 décembre 1824.*)

— 4. L'exception préjudicielle n'est pas également admise lorsque le prévenu d'un délit forestier n'excipe pas d'un droit qui lui est personnel; cette exception n'est recevable que dans le seul cas auquel, en admettant le droit de propriété comme réel, il fait cesser nécessairement toute espèce de délit. (*Arrêts des 4 messidor an XI, 30 octobre 1807, 7 avril 1809, 18 février 1820 et 23 avril 1824.*)

— 5. L'exception préjudicielle élevée par un habitant de la commune à laquelle appartient le bois où le délit a été commis, et motivée par sa seule qualité d'habitant ou par celle d'usager, ou comme ayant droit à la communauté de ce bois indivis, doit être rejetée, parcequ'elle ne forme pas une véritable exception préjudicielle. (*Arrêts des 22 juillet 1819 et 18 février 1820. Cour de cassation.*)

—6. De même on ne peut s'arrêter à l'exception d'un prévenu qui, pour se disculper d'un délit de pâturage dans les bois, prétend en avoir le droit par celui de l'usage dans ces bois. (*Arrêts des 7 floréal an XII et 30 avril 1824.*)

— 7. L'allégation d'un ancien droit de passage sur un terrain qui a été clos par l'administration forestière ne peut être regardée comme une exception préjudicielle, attendu que le prévenu n'a pu se permettre de rétablir lui-même le passage, et qu'il a dû s'adresser, au contraire, à l'autorité administrative. (*Arrêt du 27 novembre 1823.*)

Flagrant délit. Tout prévenu de délit forestier, pris en flagrant délit ou poursuivi par la clameur publique, lorsque le délit emporte la peine d'emprisonnement ou une autre plus grave, doit être conduit devant le juge de paix par les gardes forestiers, qui se font donner, pour cet effet, main-forte par le maire du lieu, lequel ne peut s'y refuser. (*Art. 16 et 25 du Cod. d'instr.; décision du ministre des finances, du 7 mai 1823.*)

IDENTITÉ. Pour établir l'identité des bois découverts par suite de perquisition, il convient d'en faire le ressouchement avec les souches des bois de délit qui sont en forêt, ce qui se fait en sciant l'extrémité des bois découverts, et en présentant cette extrémité sur les souches ou troncs, afin de reconnaître si l'un et l'autre sont de même âge, de même essence, de même grosseur, etc. (*Arrêt du* 15 *octobre* 1811, *cour de cass.*)

INCONNU. On peut faire entendre des témoins pour prouver la culpabilité d'un prévenu qui n'est point désigné par le procès-verbal du délit par ses nom et demeure, mais qui est seulement qualifié d'inconnu. (*Arrêts de la cour régulatrice, des* 17 *et* 22 *mars* 1810.)

JUGEMENT PAR DÉFAUT. 1er. Les jugements par défaut ne sont exécutoires contre les condamnés pour délits forestiers, qu'après les délais de l'opposition expirés, et ils ne peuvent être exécutés qu'après avoir été signifiés en entier. (*Circulaire du* 12 *germinal an* XIII, *n°.* 261.)

2. L'opposition est toujours recevable du moment qu'il n'y a pas de preuve que le jugement ait été notifié. (*Arrêt du* 3 *novembre* 1809.)

OPPOSITION. L'opposition à un jugement par défaut, en matières forestières, se fait dans les cinq jours de la signification, outre un jour par cinq myriamètres; elle est notifiée à la requête de l'opposant, tant au ministère public qu'à la partie civile. Cette opposition emporte de droit citation à la première audience, et elle est comme non avenue si l'opposant ne comparaît pas.

Alors le jugement par défaut reste définitif, et il ne peut plus être attaqué que par l'appel, par le défendeur condamné. Cependant le tribunal peut accorder une provision. (*Arrêt de la cour de cassation, du* 26 *août* 1824.)

PARENTÉ. La parenté ou l'alliance existant entre le prévenu et le garde rédacteur du procès-verbal n'est pas une cause absolue de nullité. (*Arrêt de la même cour, du* 18 *octobre* 1822.)

PERQUISITION. 1er. Les juges ne peuvent prononcer d'office, c'est-à-dire suppléer la peine de nullité des procès-verbaux, lorsqu'elle n'est pas positivement prononcée par la loi, notamment pour le défaut d'assistance des gardes par les officiers de police judiciaire, dans les perquisitions au domicile des particuliers. (*Arrêts des* 1er *février* 1822, et 3 *novembre* 1809.)

— 2. Les gardes forestiers ne peuvent cependant s'introduire dans le domicile des particuliers, pour y faire des perquisitions, sans l'assistance du juge de paix ou de son suppléant, ou du maire, ou du commissaire de police. (*Arrêt de la cour de cassation, du* 3 *novembre* 1809.)

— 3. L'assistance des officiers publics n'est pas nécessaire lorsque les gardes ne s'introduisent que dans les loges ou autres établissements qui ne forment point un domicile ou des ateliers permanents, dont la loi garantit l'inviolabilité. (*Circulaire du* 1er *juin* 1809, n° 394.)

— 4. L'idendité des bois de délit trouvés dans le domicile des particuliers doit être établie par une reconnaissance avec les souches gisant dans les bois ou forêts; toute autre reconnaissance ne fait pas foi en justice. (*Arrêts des* 3 *thermidor an XII*, 12 *octobre* 1809, 19 *mars* 1813, et 4 *mai* 1820.)

— 5. On ne doit se dispenser de l'assistance des officiers publics qu'autant qu'il y a impossibilité à se la procurer, ou qu'il faille mettre une telle célérité dans les recherches, qu'il y ait urgence de s'en passer. Cependant, dans ces deux cas, la perquisition du garde ne peut avoir lieu que du consentement, au moins tacite, de celui chez lequel elle doit se faire; autrement le simple refus, ou l'opposition de fait ou verbale, suffit pour empêcher le garde de pénétrer dans le domicile du refusant, jusqu'à ce qu'il soit assisté légalement, sauf à prendre extérieurement tels moyens convenables pour empêcher la soustraction des objets enlevés. (*Arrêts de la cour de cassation, des* 3 *novembre* 1809, et 1er *février* 1822.)

PORT D'ARMES. 1er. Lorsque le délit de port d'armes est réuni à celui de chasse dans les forêts de la couronne, l'amende est de 100 fr. (*Arrêt du* 4 *mai* 1821.)

— 2. De même lorsqu'un particulier trouvé chassant avec un fusil dans les bois et forêts soumis au régime forestier, ne justifie pas du droit de port d'armes, il doit être condamné à deux amendes; l'une à raison du port d'armes sans autorisation, et l'autre pour le délit de chasse. Il y a lieu d'ailleurs à la confiscation du fusil. (*Arrêt des* 4 *décembre* 1812, 15 *octobre* 1813, 26 *janvier* et 26 *juin* 1816.)

— 3. Les délits ou contraventions en matières forestières, et les contraventions aux lois sur le port d'armes, sont de la compétence des tribunaux correctionnels. (*Arrêts des* 19 *février,* 27 *mai* 1808 , et 13 *février* 1811.)

POURVOI EN CASSATION. La partie civile qui s'est pour-vue en cassation est tenue, à peine de déchéance, de consigner une amende de 150 fr. , ou de la moitié de cette somme, si le jugement ou l'arrêt attaqué est rendu par dé-faut; mais les agents forestiers sont dispensés de cette con-signation. (*Arrêt du* 9 *novembre* 1810*, cour de cassation.*)

PROCÈS-VERBAUX. 1er. Les procès - verbaux des agents et gardes forestiers doivent être visés *en debet* pour timbre , et ce visa doit être regardé comme une formalité intrinsèque nécessaire à la validité des actes. (*Arrêt de cassation du* 15 *octobre* 1811.)

— 2 Les gardes forestiers sont tenus de remettre leurs procès-verbaux aux conservateur, inspecteur, sous-inspec-teur ou garde général, dans les trois jours au plus tard , y compris celui où ils ont reconnu le fait sur lequel ils ont procédé. (*Arrêt de la cour de cassation, du* 4 *mai* 1811.)

PRESCRIPTION. 1er. Quand les prévenus sont désignés dans les procès-verbaux, le délai pour poursuivre les délits forestiers est de trois mois, à compter du jour où ils ont été constatés; mais si les prévenus ne sont pas désignés, ou s'ils sont inconnus lors des procès-verbaux, le délai est de six mois, encore que les délinquants auraient été reconnus depuis. (*Arrêts de la cour de cassation , des* 16 *floréal an* XI , 14 *germinal an* XIII , 8 *avril* 1808 et 31 *janvier* 1824.)

— 2. Le délai de trois mois se compte de quantième en quantième, sans égard au nombre des jours dont chaque mois est composé. (*Arrêt du* 27 *décembre* 1811.)

— 3. Il en est de même des contraventions commises à raison de la coupe des futaies sans déclaration préalable par les particuliers. (*Arrêt du* 3 *septembre* 1807.)

—4. Toutefois les délits constatés par les procès-verbaux de récolement, doivent être poursuivis dans les trois mois, attendu que les propriétaires du bois, et les adjudicataires , présumés être les auteurs de ces délits, sont toujours connus. (*Arrêts de la cour de cassation, des* 17 *avril* 1807 et 24 *mars* 1809.)

—5. Si la preuve du délit est acquise par un premier pro-cès-verbal de récolement, la prescription court du jour de cet acte pour les délits qu'il constate ; elle n'est pas interrompue par un second récolement, à moins que le premier ne fût annulé. (*Arrêts de la même cour, des 26 décembre 1806, 15 avril 1809, 26 juillet et 26 novembre 1810, et 23 mars 1811.*)

— 6. La prescription ne court contre les agents forestiers, dont la mise en jugement doit être précédée d'une autorisation spéciale, qu'à partir de l'époque où ces agents ont eu connaissance de cette autorisation. (*Arrêts des 13 avril 1810 et 23 mars 1811.*)

Preuve. 1er Un procès-verbal qui fait foi jusqu'à inscription de faux ne peut être repoussé sous prétexte d'invraisemblance. (*Arrêt du 1er février 1822, cour de cass.*)

— 2. Pour faire preuve suffisante, un procès-verbal qui n'a été dressé que par un seul agent ou garde, et qui constate un délit de nature à entraîner une condamnation de plus de 100 fr., tant pour amende que pour dommages-intérêts, doit être appuyé d'un témoignage ; mais ce témoignage peut être suppléé par la signature ou affirmation d'un second garde, ou par son audition devant le tribunal, à défaut d'affirmation. (*Arrêts des 6 février 1806, 5 septembre et 21 octobre 1808, 18 octobre 1809 et 1er mars 1811.*)

— 3. Dans tous les cas, les procès-verbaux des gardes forestiers ne peuvent faire foi absolue en justice à l'égard des réponses des personnes désignées ou prévenues. (*Arrêt de la cour criminelle du département du Doubs, acquiescé par l'administration.*)

— 4. Mais les procès verbaux des gardes font preuve légale pour les faits positifs et matériels qui ont frappé leurs sens, la vue, l'ouïe, le toucher, et cette preuve légale s'étend à toutes les circonstances qui résultent nécessairement des faits matériels. (*Arrêt du 1er mars 1822.*)

— 5. Ainsi lorsqu'un procès-verbal constate que des arbres frappés du marteau royal ont été trouvés demi-abattus ; que sur des copeaux étendus au pied de ces arbres on remarquait l'empreinte du marteau royal, il résulte nécessairement de ces faits que les arbres demi-abattus étaient des arbres de réserve qui ne pouvaient être coupés sans délit. (*Arrêts de la cour de cassation, des 25 octobre 1811, 19 mars 1813, 17 juillet 1806 et 8 octobre 1825.*)

Prévenu. Lorsque le prévenu appuie ses récusations, ou ses faits justificatifs, sur des moyens qui ne sont pas contraires au contenu du procès-verbal dressé contre lui, il peut être autorisé à faire entendre des témoins. (*Arrêts de la cour de cassation, des* 17 *et* 22 *mars* 1810.)

REBELLION. Les cours d'assises connaissent des délits de rebellion commis contre les agents et gardes forestiers. (*Arrêts des* 9 *avril* 1807, *et* 14 *août* 1812.)

RESSOUCHEMENT. Pour établir l'identité des bois de délit d'une manière irrécusable, les gardes forestiers doivent toujours faire la comparaison des contours des bois trouvés dans les perquisitions à domicile, sinon ils doivent y suppléer par le rapprochement de toutes les circonstances du délit, et sommer les détenteurs desdits bois d'assister au ressouchement, et d'énoncer leurs réponses. (*Arrêts de la cour de cassation, des* 12 *octobre* 1809, 19 *mars* 1813 *et* 4 *mai* 1820.)

TÉMOINS. 1er. On peut en faire entendre lorsque le procès-verbal est insuffisant par lui-même pour établir la contravention ou le délit, ou lorsqu'il est déclaré nul. (*Arrêts de la même cour, des* 4 *septembre* 1800, 8 *juin et* 19 *octobre* 1809, *et* 30 *décembre* 1811.)

— 2. On en fait également entendre lorsque le procès-verbal ne fait pas connaître les délinquants d'une manière précise. (*Arrêts des* 17 *et* 22 *mars* 1822.)

— 3. De même on admet la preuve par témoins, lorsqu'un prévenu soutient des faits qui tendent à établir que le fait constaté par le procès-verbal dressé contre lui, n'est ni un délit, ni une contravention. (*Arrêt de la même cour, du* 23 *mars* 1810.)

FIN.